ENERGY-EFFICIENT URBAN LANDSCAPES DESIGNS

低能耗城市景观

ENERGY-EFFICIENT URBAN LANDSCAPES DESIGNS

(澳)马丁·科伊尔(Martin Coyle)/编
潘潇潇 贺艳飞/译

低能耗城市景观

广西师范大学出版社
·桂林·

images
Publishing

前言

现代城市由一系列需要修设高能效城市景观的互相连接和关联的空间组成。这些场地不仅可以履行它们的主要职能，作为公共或私人空间使用，有时还可发挥如雨水存储或防洪减灾的二级甚至三级职能作用。这些高能效城市景观不仅要坚固、新颖、实用，还要为人们保留其作为场地的主要功能。景观设计师、建筑师和工程师均与地方政府、开发商和供应商展开合作，对基础设施如何在现代城市中发挥作用进行剖析。如今，才华出众、横跨多领域的团队正在全世界范围内将这些绿色基础设施装配成高能效城市景观，改善当地的微观和宏观气候，从而使我们的现代城市成为更适合居住的地方。

自 18 世纪 60 年代开始的工业革命以来，现代社会一直以城市生活为中心。前所未有的城市浪潮席卷了世界各地，先前的大部分人口如今实现了高度城市化，并以直接和间接的方式导致环境需求的增加。我们的现代城市正面临着越来越多的挑战，比如高能耗，空气、水和噪声污染以及生活品质的缺失。这些不断增长的城市环境需求正通过逐步设置高能效城市景观的方式逐渐得到满足，我们首先要改善当地的环境，然后一同重塑整座城市。

快速的城市化进程导致不透水铺面数量的增加，这样也促使雨水径流量增加，进而引发了更为频繁或更为严重的洪水事件，减少了含水层补给，使水污染问题愈发严重。传统的“管道和深坑”系统将重点放在快速去除系统中的雨水上，因而引发了洪水事件，并使得宝贵资源在得到再利用之前便已流失殆尽。

设计师、景观设计师和工程师均开始与地方和州政府展开合作，率先采用水敏感城市设计，对城市用水的生命周期进行管理，并对城市雨水进行拦截、滞留和处理的系统落实到位，用以提高雨水质量、存储雨水以供再利用、滞留雨水以防洪水灾害的发生。

高能效城市景观以多种不同的方式对城市雨水进行管理。树坑、洼地和水槽等生物滞留措施可以截留和去除雨水中的污染物，并对雨水进行滞留以减轻洪水灾害。透水铺面不仅可以过滤掉雨水中的沉积物，还可以在指定的时间内对雨水进行滞留以减轻洪水灾害。透水铺面和生物滞留措施还可以对很多城市的饮用水来源——含水层进行补给。另外，生物滞留系统还可以去除掉水文循环中的氮和磷——现代化肥径流的副产物和有害藻华的根源，会使水道脱氧，同时危害水生动植物的生命。在地方当局、开发商和设计师的共同努力下，水敏感城市设计可以逐渐地提高流入河流和海洋的城市径流的质量，改进我们现代城市内的用水管理周期。

诸多原因使得修设有绿色屋顶和绿墙的建筑越来越多，导致这种现象出现的原因有很多种。作为整个雨水循环的一部分，绿色屋顶可以滞留和过滤雨水，减缓雨水的释放速度，防止洪水灾害的发生。绿色屋顶和绿墙的另一个好处是隔热，减少太阳辐射对建筑物的影响，从而降低制冷 / 供热费用成本。这些系统不仅可以改善水质、发挥隔热作用，还可以通过提供私人或公共开放空间增加开发项目的价值。一些欧洲城市要求，屋顶面积超过 100 平方米的住宅和市政项目需要修设屋顶花园。美观性上，在帕特里克 · 勃朗（Patrick Le Blanc）等设计师的支持下，室内和室外绿墙已被视为优秀的设计元素和城市规划的必要组成部分。

很多城市都需要解决供水问题，而高能效城市景观可以通过雨水收集和灰水再利用的方式帮助解决栖息地的灌溉和保留问题。芦苇床和砂滤器已经使用了数千年，而梵文和埃及文字的使用可以追溯到公元前 400 年。包括澳大利亚在内的很多西方和中东国家的水资源极度匮乏，因此城市地区的雨水再利用问题也显得越来越重要。通过住宅区芦苇床和砂滤器进行过滤的方式已经被越来越多地应用在非即时污水管道系统上。过滤措施还可以使相对“干净”的雨水在花园中得到再利用，进而减少饮用水的消耗量。下水道垃圾的处理还需小心进行，在很多国家，居民生活污水也是一种有价值的花园资源，应当尽可能经常地对这种资源进行利用。

降低能源消耗是高能效城市景观的重要参数之一。良好的场地设计等简单且由来已久的措施可以营造有利的微观和宏观气候。在绿色屋顶和绿墙对建筑进行隔热保温处理的情况下，经过妥善规划和设计及恰当指定的行道树也可以极大地改善建筑、街道或整个区域的微观气候。另一项由来已久的技术是在极端气候状况下对树荫进行充分利用，以减少给建筑和公共空间降温所需的用电量。当街道景观和遮阴树种植与综合雨水收集和滞留措施相结合时，高能效城市景观的效用变得愈发明显，“为什么我们过去不一直这样做呢？”

当太阳落山时，如何降低能源消耗也是一个需要优先考虑的问题。在过去的 10 年间，LED 技术得到改进，同时实现了更高的成本效益。许多国家使用的高压钠（HPS）路灯会消耗大量的能源，因此，很多地方政府和州政府机构一直在悄然和保守地尝试 LED 路灯。洛杉矶等城市已经开始了大规模的高压钠路灯更换计划，将高压钠路灯更换成 LED 路灯后，每年可以节约 40% 的能源。LED 灯的优点有两个：减少能源消耗、提高维护寿命，用以降低资金成本。高压钠路灯以往的额定运行时间大约为 20000 小时，而 LED 路灯的额定运行时间保守估计会超过 50000 小时，这几乎使照明装置的寿命和固有更换开支所能延长的使用时间增加一倍。在那些不需要持续照明的区域，例如需要临时照明的场所，如果与先进的感应照明装置配合使用的话，这些小时数可以进一步延长。

作为现代城市环境的设计师，景观设计师和工程师正在以努力打造高能效城市景观，将美观性和实用性以一种前所未有的方式结合起来。本书中呈现的创新工艺与技术使我们的城市和景观能够与自然相互协作，一同创建阳光、树荫和雨水这种永恒循环的现代形式。高能效城市景观技术首先在个别开发项目上得到应用，随后会应用到区域范围和郊区中，它们将会对我们生活的城市进行改造，使我们的城市恢复活力，最终改善我们的生活质量。

目录

5 雨水回收利用及其他雨水管理技术

6 土壤改良与智能节水技术

7 低维护技术

城市景观与耗能

“景观”一词看似简单，却是一个美丽而难以明确的概念。虽然韦伯斯特大辞典上将“景观”定义为“能用一个画面来展示，能在某一视点上可以全览的景象”，但实际上不同学科对“景观”有着各自不同的理解。例如一名地理学家，他会把景观作为一个科学名词，定义为一种地表景象，或是一种综合的自然地理区域，或是一种类型单位的通称，比如城市景观、森林景观等。如果是一位艺术家，可能会把景观作为表现与再现的对象，等同于风景。而建筑师则大多会把景观看作建筑物的配景或背景。换了生态学家，则常常把景观看成一种生态系统。更有一些城市美化运动者和开发商将景观等同于城市的街景立面、霓虹灯、园林绿化和小品。

我们在本书中所探讨的“景观”是指城市景观，是由存在于城市环境中各种相互作用的视觉事物和视觉事件构成的，包含的内容非常丰富，如建筑、桥梁、道路、广场、绿地、水体、小品及雕塑等。

这些城市景观要素为创造高质量的城市空间环境提供了大量的素材，因此在世界各国的城市发展规划中，城市景观的营造一直都是非常重要的内容之一。尤其是近年来各国对环境问题的重视日益增强，城市景观更成为了打造可持续城市生态环境的基础设施，具有显著的生态、社会和经济效益。但是，随着公园、广场、水体、绿地的增多，城市生态环境得到了改善，但我们也不得不面临另外一个问题：即景观对能源的消耗。

诚然，与运行一栋大型建筑所需的能源相比，单体景观所耗费的电能和水能也许不值一提，但是当许多个“不值一提”汇集到一起，就是一个庞大的数字。且不说一座大型城市公园或喷泉广场正常运营所需的人工、电力和水能成本，仅仅是对城市绿地的维护一项，便足以令一些水资源短缺的城市更显捉襟见肘。以中国为例，根据权威机构预测，到 2030 年，中国全国城市绿地灌溉年需水量将达到 82.7 亿立方米左右，如此庞大的数字足以显示景观能源消耗问题的严峻性。

正是基于这样的原因，越来越多的景观设计师开始在设计中融入了低能耗技术手段，如遥感系统自动灌溉技术、智能照明、雨水技术等。这些设计不仅大大降低了景观的能源消耗，更提高了城市生态环境的可持续性。本书将这些技术分成了七个类别，分别是遥感系统自动灌溉技术、智能照明与智能采光技术、风能技术、太阳能光伏发电技术、雨水回收利用与其他雨水管理技术、土壤改良与智能节水技术，以及低维护技术。在接下来的文字中，我们将针对这七种技术进行介绍，并辅以优秀的设计案例来说明，希望能够为设计师在降低景观能源消耗的设计上提供灵感。

1 遥感系统自动灌溉技术

水分遥感技术

植被水分遥感用于景观水分监测，及时利用传感技术及遥感技术传递信息，保护景观资源，或对城市大面积绿地水分监测，实现灌溉时间的数据化显示。

遥感监测和传感定位是智能化主要组成部分。这种技术在降低景观能耗方面，起着至关重要的作用。在景观工程里主要应用在以下三个方面：整体流程由 FDR 系统（传感系统技术）、FDR 采集系统（信息收集系统）、远程管理软件（数据管理及分析）三部分组成。

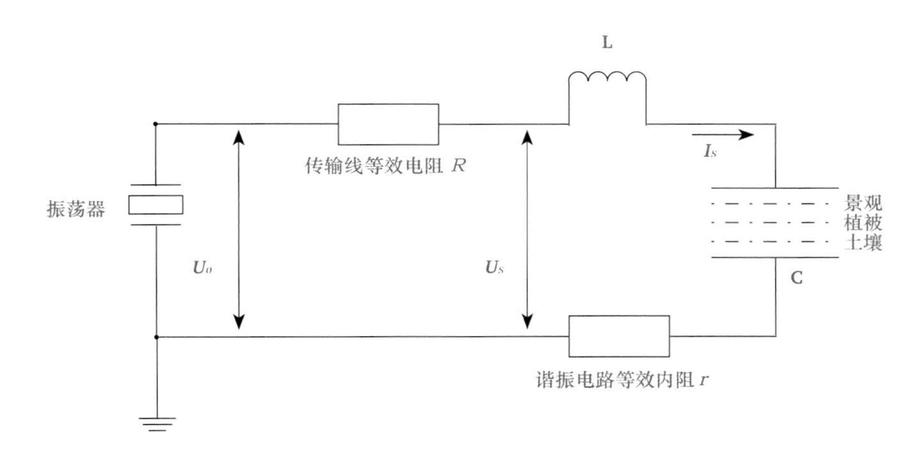

图 1 高频下的谐振电路

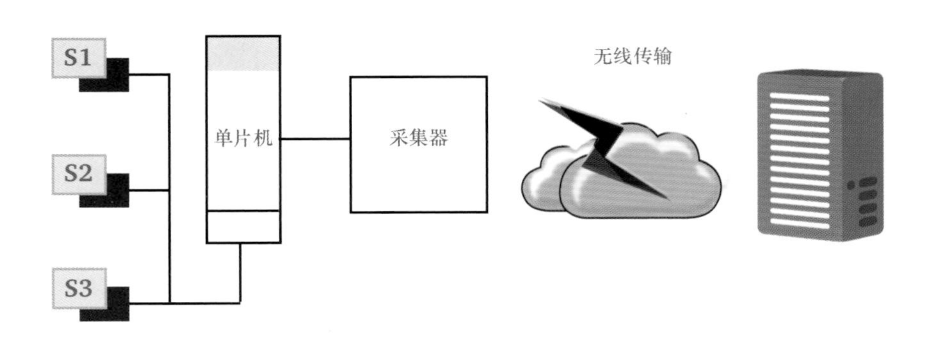

图 2 采集系统结构

FDR 系统（传感系统技术）

FDR 技术（频域反射技术）是通过发送特定频带的扫频测试信号，在导体阻抗不匹配处会产生较强的和发射信号同样频率但不同时段的反射信号，通过傅里叶转换方式分析这些信号，并且通过测量反射信号峰值的频率换算出到线路障碍点的距离（如图 1）。

FDR 采集系统（信息收集系统）

景观水分含量数据对景观绿地含水衡量具有较大的价值，因此基于 FDR 的景观植被土壤水分采集系统具有多个安装在不同深度的传感器。采集系统的结构如图 2 所示。传感器 S1~S3 通过均匀传输线与单片机相连，单片机轮询式控制各个传感器谐振电路并且获得检测数据。采集器对检测数据进一步进行处理。为了使测量仪器便于野外安装以及数据能够准时传送到服务器，系统采用了无线通信方式，形成标准格式的数据包通过公众的移动通信网络发送到中心数据库服务器。

数据管理及分析

远程管理软件安装在中心服务器上，对植被土壤水分探测采集器进行远程控制与数据后台处理，并且可以管理多个植被土壤水分探测采集器，形成植被水分探测网络。

该软件主要的功能有四个，分别是参数设置、数据转换、数据显示以及数据传输。由于采集器控制多层 FDR 传感器，每一个传感器所在的深度以及接触植被部位不同，参数设置可以将每一个传感器的安装深度，以及它所接触植被土壤的土壤物理常数保存起来。最后通过系统对数据整合分析得出土壤含水量，从而作为景观植被养护的重要参数。

自动浇灌系统

人类对友好型环境的需求已经随着全球经济的快速增长和生活水平的迅速提高越来越迫切。滴灌技术对节约水资源，进而促进友好型环境起着重要作用，它的滴头在低压下向土壤缓慢滴水，向土壤供应已过滤的水分、肥料或其他化学剂等。在景观设计中应用自动滴灌技术可以大幅度提高水的利用率、减少土壤结构破坏、改善生态环境、提高经济效益，这是一种高效节水的新型灌溉技术。在景观设计中，这是一种实施高效、可精准灌溉的重要水资源管理技术措施。

无线节水滴灌自动控制系统可以实现实时适量的精准滴灌，该系统利用 ZigBee 无线传感器网络的自组网特点，采用星型网络拓扑结构，实时监控多处景观的土壤温湿度变化，通过反馈传感信号，对滴灌动作进行精准判断和控制。

ZigBee 无线网络利用其自身的特点,例如低成本、低功耗、低速率、近距离、短延时、高安全等，针对不同植物在不同生长时期对水分的需求情况，依据土壤湿度与环境温度，与开发平台的网络协调器节点进行通信，由景观控制器精准科学地控制灌水位置、灌水时间、灌水量、灌水质量，实现了植物的适时自动滴灌，为景观植物生长提供良好的条件。系统为实现大型景观的统一调度管理提供了基础，是一种理想的节水滴灌解决方案。

自动滴管系统采用无线传感网自组网的星型网络拓扑结构，总体组成如图 3 所示，由上位机、网络协调器节点、无线收发模块（ZigBee 通信模块）、终端控制节点以及执行机构组成。

系统利用计算机作为上位机，负责接收传感器上传的数据、存储、分析并做出相应的智能滴灌决策。

网络协调器节点作为整个网络的协调器，负责自动搜寻网络中的终端节点，组织无线网络，并从终端节点取得上位机需要的数据，实现终端节点与上位机之间的通信。网络协调器节点与终端控制节点通过基于 ZigBee 的无线收发模块进行组网通信，由一个网络协调器用的主机模块和若干个从机终端模块组成。终端控制节点是基于现场控制器，现场控制器（1）放在主管道上，配有液位传感器、压力传感器及流量传感器，执行机构是调节水压大小的变频器。现场控制器（2）~ 现场控制器（n）完全相同，放在每个景观区域里，配有土壤温湿度传感器，一个终端节点模块可以根据需要连接多个测温湿度的探头，执行机构是控制滴灌开闭的电磁阀。

另外，考虑到对景观的分散性和成本，可以利用太阳能光伏供电系统对终端控制节点提供电源。

上位机发送采集指令，经由网络协调器节点，利用无线收发模块将指令发送给现场控制器；各传感器节点将检测到的数据上传到现场控制器，然后由它通过无线收发模块同样经由网络协调器节点将数据发送到上位机中；上位机对接收到的数据进行智能处理和决策，例如对湿度值进行排序、得到湿度值较小的景观区域，并据此对现场控制器发送开启这几处景观电磁阀的命令，从而实现自动滴灌。

土壤湿度是自动滴灌系统的一个重要变量。上位机通过无线方式向现场控制器发送采集命令，接收并显示传感器返回的信息，对湿度做排序处理、判断液位是否过限、将压力和流量传感器得到的数据进行融合来调节变频器，然后通过 ZigBee 通信板向现场控制器发送开启或关闭电磁阀的指令。

传感器节点上电后，首先进行系统的初始化，然后选择信道并加入现有的 ZigBee 无线网络，休眠等待接收信号。当传感器节点接收到网关节点发出的查询信号后，进行数据的采集并将数据发送回协调器节点。

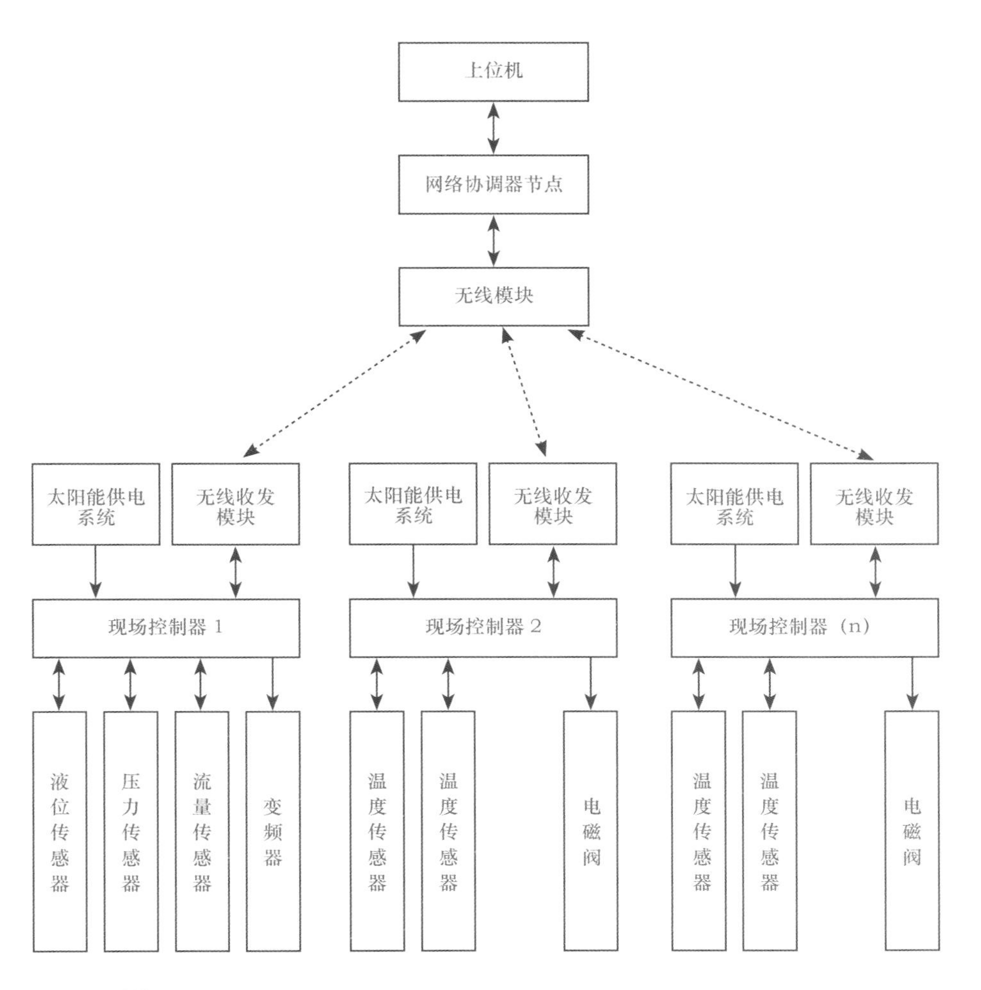

图 3 系统结构图

现场控制器接收到上位机发来的采集命令，进而执行采集土壤湿度、空气温度、液位、压力、流量等信息并上传，等待上位机进行智能决策。上位机做出决策后将控制命令，如电磁阀开启关闭以及变频器的调节，发送出来，现场控制器予以接收并且执行。

本节提出的无线节水滴灌自动控制系统的现场控制器能够实时监测植物土壤湿度和环境温度，将传感器信号通过无线收发模块发送到控制中心，控制中心能够准确实时地了解到当前系统中各个节点的工作状态，并及时启动自动滴灌，非常有利于景观节水。一旦出现通信中断、水压异常等，能够及时地反映到控制中心，通过语音报警等方式立即通知相关人员进行维修，提高了整个系统的可靠性。另外系统采用 ZigBee 技术，网络结构简单，景观现场布设灵活，提高了自动灌溉的实用性及对水的使用效率，减小了劳动量、导线和管路敷设费用，且无需人为操作，能够长期稳定地工作，方便大面积安装、维护和系统回收，为景观工程设计及维护提供了强有力的工具。

沙普尔吉·帕隆吉信息城

沙普尔吉·帕隆吉信息城是一片由 Manjri Stud Farm 进行开发的占地 32.4 公顷的多功能建筑群。该项目的设计以环形主干道为主导。略微凹进的建筑入口通过一座占地 4050 平方米的前花园与这条环形道路相连，前花园由一个大型池塘、一座雾喷泉和草坪区组成。环形主干道的前端与弧段构造内的连接道路相连，最终打造出可以满足周围过往车辆需求的道路格局，同时在繁茂、美观的环境中为行人活动留出中央开放空间。目前，建筑群由办公大楼（基本上被知名 IT 公司占用）、俱乐部会所、公园和一小片住宅区构成。

中央广场在综合办公大楼内发挥着重要作用。设计团队修设了多条通向中央广场的蜿蜒人行道，将这里变成辛勤劳动的 IT 专业人士舒缓压力和进行社交的地方。广场的中轴线上修设有四个喷水池和多个圆形花坛，3 栋环形的 IT 办公大楼整齐地分散在中央广场周围，并将人们的注意力引向场地一侧的小瀑布，那里是中央广场的聚焦点，而俱乐部会所则位于小瀑布之后。

俱乐部会所、露天剧场和游泳池位于中央广场的南北轴线上。场地内的公园中修设有一片大型的派对草坪、多条步行道和慢跑跑道，是 IT 办公大楼和俱乐部会所之间的缓冲地带。场地两侧和树林中修设有停车场，为人们提供方便的同时，还可使停车场为茂盛的树荫所笼罩。

这座建筑是一个配设有停车场设施的大型地下建筑。地下建筑的屋顶修设有一座 8100 平方米（0.8 公顷）的大型花园，人们可以在这里俯瞰到三栋办公大楼。变电站的检修区域从屋顶花园中探出，屋顶花园成为项目场地内整体景观的聚焦点。

项目场地内的绿色植物大多为树木，它们为场地带来了环境效益，为项目场地营造了凉爽、无尘的微气候。所有绿色植物均采用自动灌溉系统进行浇灌，灌溉系统内的水来源于污水处理厂的循环水，这样一来，即便是在缺少季风降水的情况下，也可确保项目场地内的景观全年苍翠繁茂。

项目地点 |
印度，普纳

建成时间 |
2012

占地面积 |
32.4 公顷

景观设计 |
马凯硕·D.普拉丹景观设计公司
(Kishore D Pradhan)

委托方 |
Manjri Stud Farm——沙普尔吉·帕隆吉公司
(M/s Shapoorji Pallonji & Co. Ltd) 的子公司

摄影 |
马凯硕·D·普拉丹景观设计公司和沙普尔吉·帕隆吉信息城 (Shapoorji Pallonji Infocity)

1. 中央广场
2. 矮墙景观
3. 通往中央广场的道路

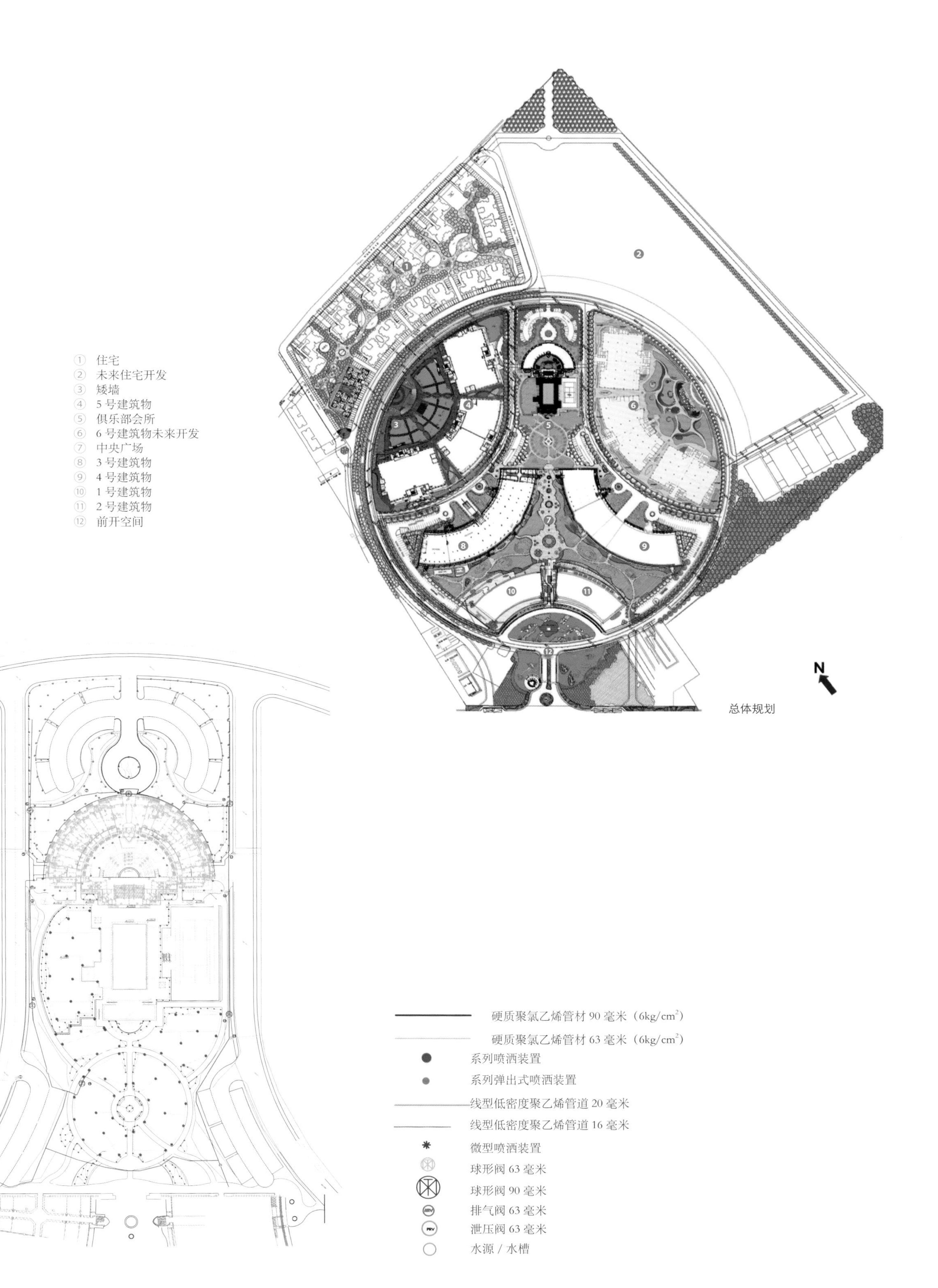

总体规划

灌区平面布置图

1
2 | 3 | 4

① 顶部为 50 毫米厚的抛光花岗岩，梯级前缘 25 毫米
② 烧面花岗岩彩色覆层
③ 抛光花岗岩彩色覆层
④ 铺面为 30 毫米厚的红色花岗岩
⑤ 20 毫米厚的砂浆层
⑥ 砖块填充

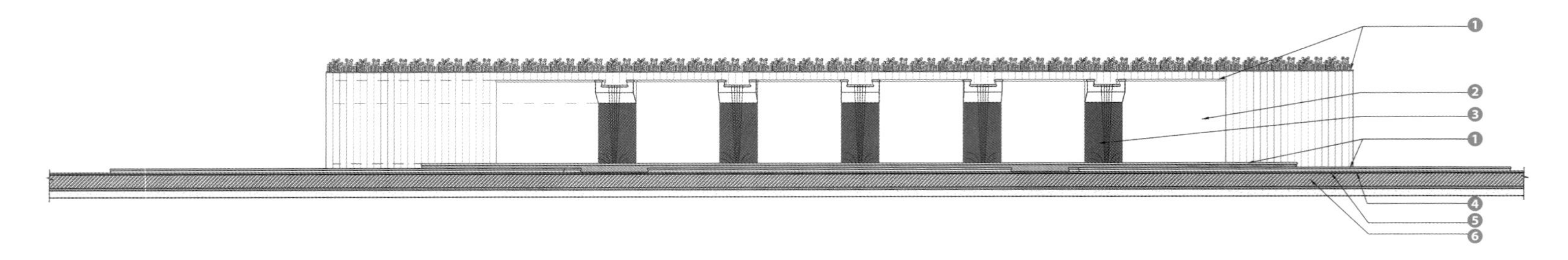

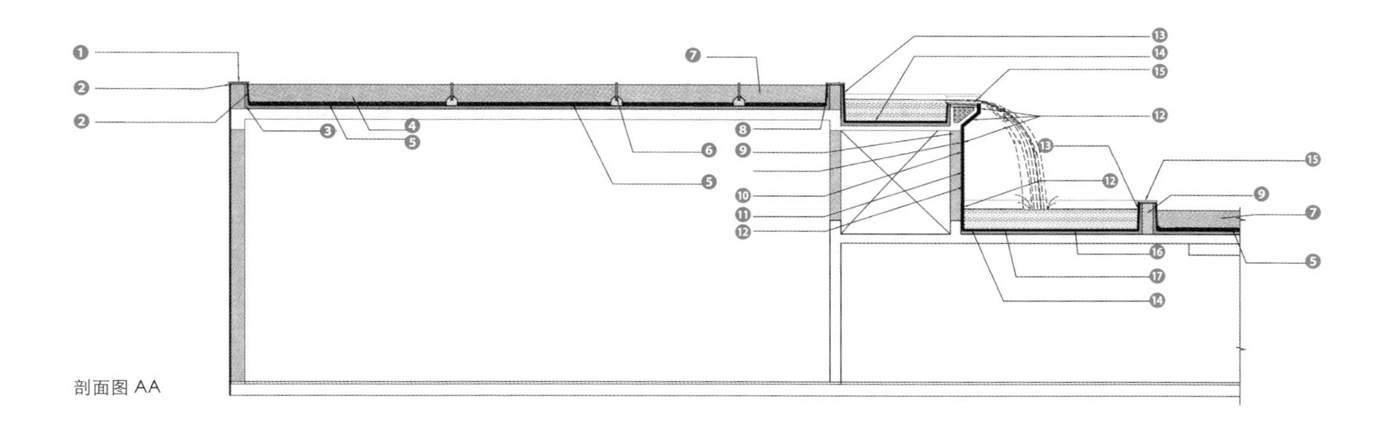

1. 顶部为 50 毫米厚的抛光石灰岩，梯级前缘 25 毫米
2. 20 毫米厚的灰浆
3. 斜坡铺设有 5 毫米厚的防水层
4. 填土
5. 75 毫米厚的排水层
6. 50 毫米厚的 shahbad 瓦口
7. 花园填土
8. 75 毫米厚的防水层
9. 230 毫米厚的砖墙
10. 防水衬垫
11. 20 毫米厚的砂浆层
12. 抛光花岗岩彩色覆层
13. 意大利瓷砖铺装（Algae）
14. 意大利瓷砖铺装（Algae BC）
15. 抛光花岗岩彩色覆层
16. 水体衬垫
17. 20 厘米厚的水泥找平层

1. 信息城入口处的景观
2. 中央广场的喷泉
3. 大规模树木种植所使用的滴灌系
4. 腾起白色雾气的喷泉被路边的银橡树包围

Energy Complex
建筑群开发项目

新建筑群开发场地的两侧是两条主干线街道，项目场地位于空中列车和地下轨道交通枢纽 500 米的范围内。在 4.6 公顷的项目场地内，三栋建筑物占用了 3 公顷的租赁空间。建筑师、景观设计师和委托方紧密合作，努力找寻最好、最优的设计方案，用以对这片铁路部门所有的荒废土地进行充分利用。设计团队利用三维计算机模型对建筑结构和户外空间的微气候进行研究，用以为项目选择合适的施工场地。

风洞测试和光影研究也有助于设计团队确定树木和休闲娱乐区的位置。根据 LEED 雨水管理标准，建筑物和广场上的雨水被收集到地下水槽内供灌溉使用。水分传感器技术的引入有助于对整个建筑群的灌溉系统进行管控。建筑屋顶均装有太阳能电池板，可以收集日间太阳照射的能量，并将太阳能用于夜间花园照明。项目场地内修设有通往公共交通站和公交车站的自行车道、自行车停车场以及淋浴房等设施，目的在于鼓励人们将自行车作为替代性交通工具使用。

设计团队将该项目构思为可持续的环境友好型建筑。项目规划与设计倡导“Greenovative”理念，这一理念旨在运用前沿技术实现节能的效果，并将该项目打造成一个鼓励公共和私人机构以一种更为有效的方式对能源进行利用的试点项目。

ENCO 每一处细节的设计均达到国际标准。它是泰国和东南亚地区第一处达到 LEED 认证标准的建筑群。

1
2

项目地点 |
泰国，曼谷

建成时间 |
2010

占地面积 |
4.8 公顷

景观设计 |
Axis 景观事务所

委托方 |
Energy Complex 有限公司

摄影 |
阿纳瓦特·佩德素旺，尼蓬·法格赞，奥克干拉耶特·佩奇 - 温 - 派，汶宾·蒂埃通，万尼瓦塔·乌萨瓦他那派萨恩，威拉猜·万萨纳姆
(Anawat Pedsuwan, Niphon Fahkrachang, Aukkalayot Petch-um-pai, Boonpin Thuethong, Wanniwat Ussawathanaphaisarn, Wiratchai Wansamngarm)

所获奖项 |
2010 年美国绿色建筑委员会 LEED 铂金认证

1. 抵达广场下车区
2. 整体建筑全景图

位置图

① Viphawadee-rangsit 路
② PTT 总部
③ 国家铁路社区
④ 泰国城市供水管理局

原有场地

① PTT 总部的停车场建筑
② 原有场地
③ 原有区内道路
④ 4 Soi Viphawadee-rangsit 11 路

重新设计概念

前

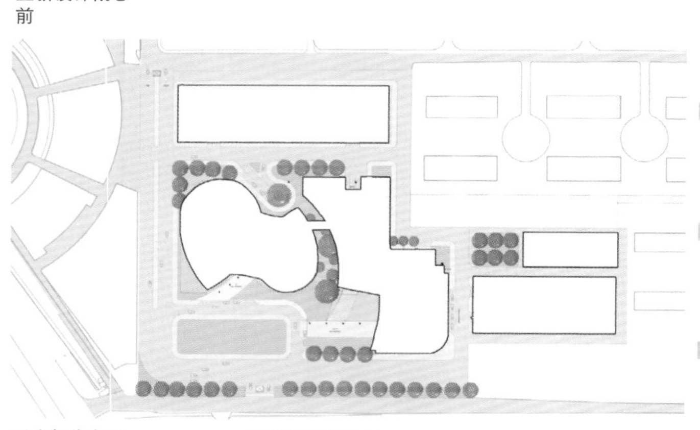

以车辆为主导

吸收和反射热量
独立的，与周围环境毫无关系
分散空间

后

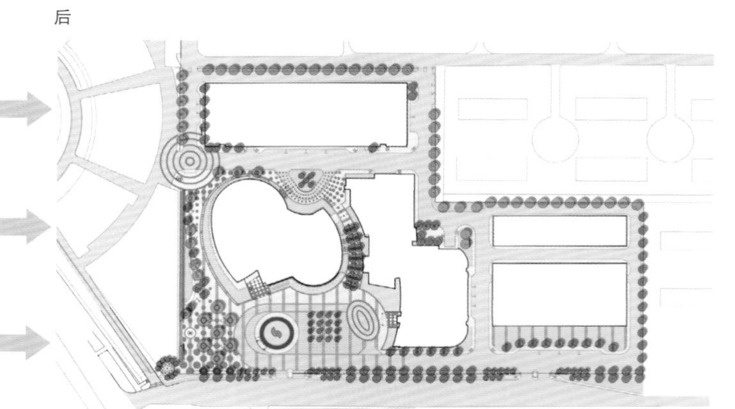

以人为主导

更好的联接
增加 30% 的绿地
行人友好
可持续设计为导向
综合开放空间

1. 两栋建筑之间的公共空间为多种活动的开展提供舒适的环境
2. 位于 7 至 8 层娱乐层的休息区
3. 栽种在两栋建筑之间广场上的庭荫树为多种活动的开展提供舒适的环境

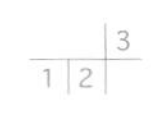

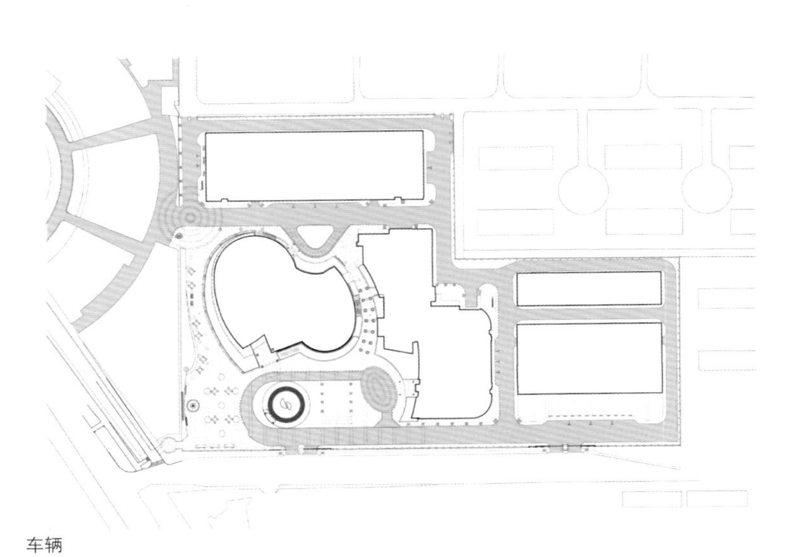

车辆

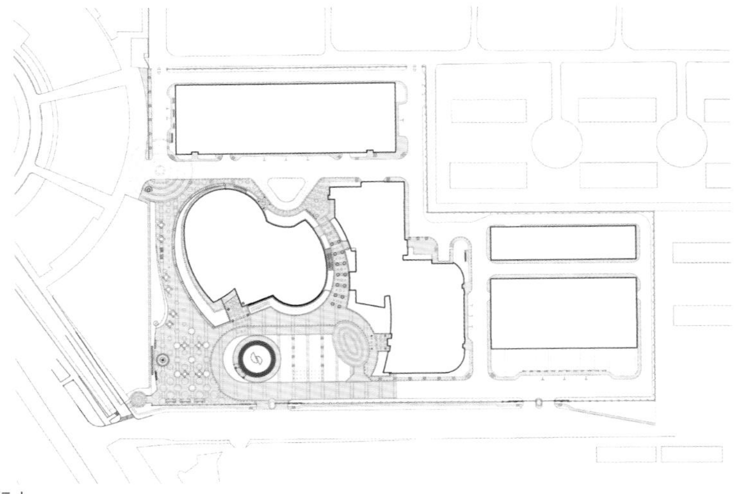

行人

1 2 3

水管理系统

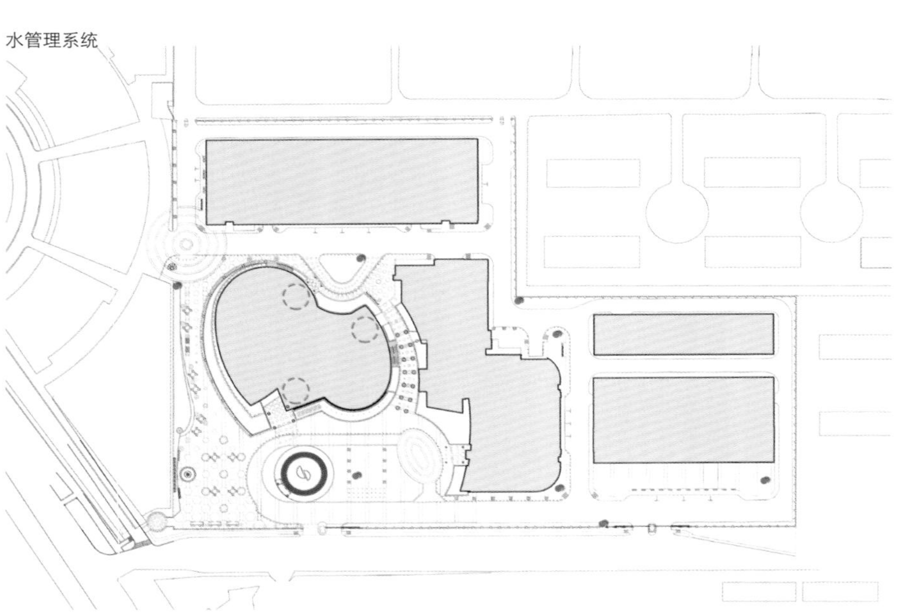

土壤湿度计

雨水桶

替代性交通工具

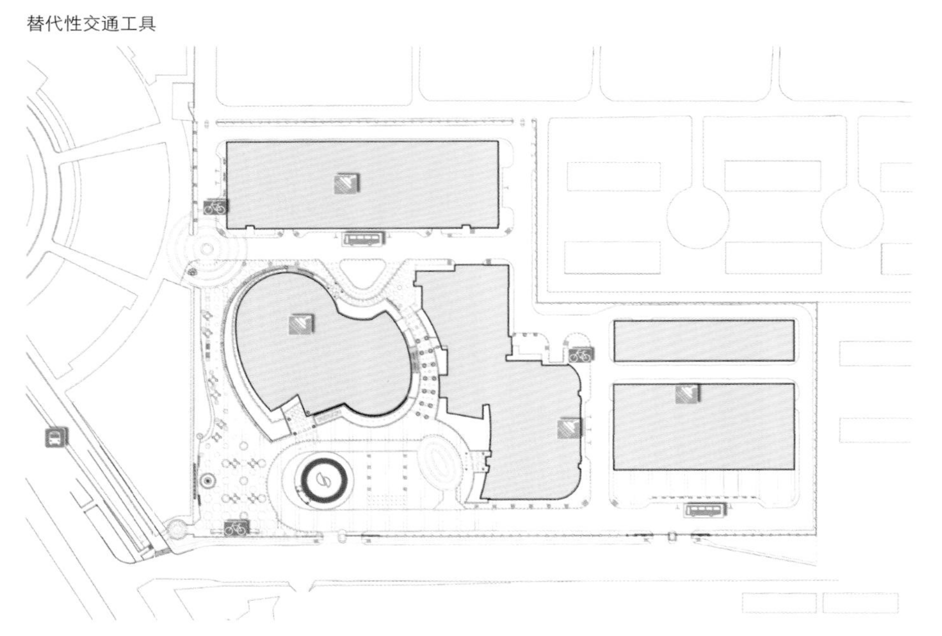

自行车停车场

淋浴房

班车停车场

公交车站

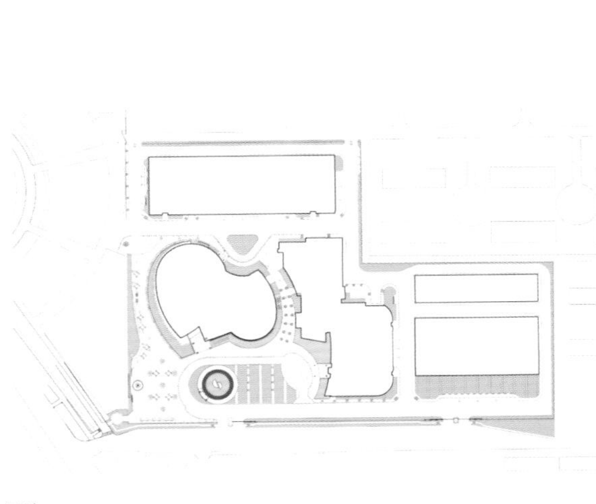

绿地

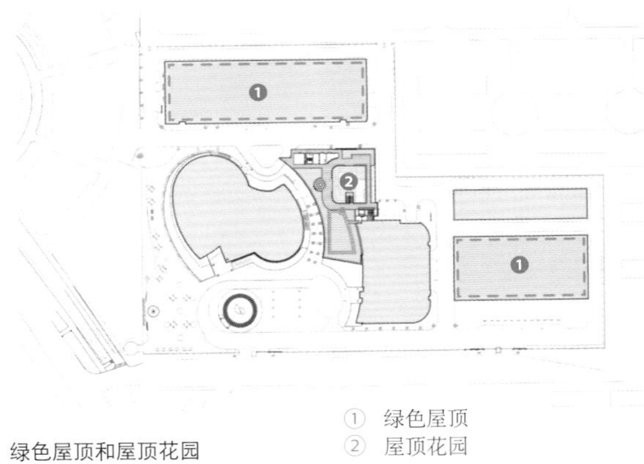

① 绿色屋顶
② 屋顶花园

绿色屋顶和屋顶花园

树木规划

1. 当水分传感器探测到植被区处于干燥状态时，灌溉系统便会自动运行
2. 汽车停车场建筑屋顶上的太阳能电池板和植被区
3. 从空中俯瞰 7 至 8 层的景象

注释：植被概念
1. 植被开放空间总面积超出 BWA 要求面积的 287%，LEED 要求面积的 50%。
2. 位于建筑 8 至 9 层的屋顶花园可供人们开展休闲娱乐活动和户外锻炼使用。
3. 停车场建筑屋顶上的绿色屋顶不但有助于减少热量吸收，而且可以收集雨水。
4. 选择本土植物，这种植物容易适应环境，而且可以减少耗水量。
5. 树的位置可以减少热量、控制风向、营造“舒适区”。

1. 傍晚时分建筑的整体氛围
2. 建筑、雕塑和天空形成互动
3. 雕塑
4. 位于建筑底层广场空间内的喷泉和水池使建筑空间平稳过渡到地面空间
5. 下沉庭院可以为地下办公空间提供绿色景致和自然采光

1 | 4
2 | 3 | 5

瓦尔德基兴自然景观

Waeschl 溪流谷地拥有很多“Gsteinet”这类自然地标一样的风景和历史遗迹，山谷沿途遍布河漫滩森林和山坡草甸，另外还有一些城市环境下受到保护的栖息地。狭长草甸两旁的各种地貌和地形上修设有不同类型的花园，人们可以在此观赏到美丽的风景。公园外面的各色风景也在一定程度上增加了公园的空间感。

设计团队将结构设施内部的设计重点放在瓦尔德基兴的特色位置上，将其作为备受关注的巴伐利亚森林的一部分进行设计。因此，作为功能元素和艺术元素的木质材料在设计中起到了重要的作用。城市公园内的多种元素，例如入口广场、城市人行漫步道、水梯、樱桃园、池塘、Waeschl 溪流以及宽阔的草甸均被设计为独立自给式区域。

在入口广场的北部，修设有管道的 Waeschl 溪流从场地内穿过。水流从大约 4 米宽的水梯上流下，流入原有的天然河道。水梯是用天然石料打造而成的。

从谷地中蜿蜒穿过的 Waeschl 溪流被斜坡草甸紧紧围住。小溪和邻近的湿草甸为人们提供了感受自然、参与热爱自然活动的空间。游客们可以走行沿小溪而设的木栈道欣赏水面的风景。天然形成的空地是 Waeschl 溪流的一大亮点所在。

池塘让游客们对 Waeschl 溪流东部有了一种自然、含蓄的印象。池塘周围修设有一条木制环形道路。道路旁边设有座椅形式的公共区和植被区。设计团队对其中的一些座椅进行了特别设计，可以达到抑制声音的效果。

另外，设计团队还利用当代的景观设计手段对“贝尔维尤”花园中的瓦尔德基兴水库进行了全新的阐释。在“贝尔维尤”花园内，瓦尔德基兴的独特景观通过一种独立自给式设计得以利用和展现。从空间上来看，喷泉被设置在游乐场和休闲区的所在位置。

水景设施是一些可供游客自行操作和控制的特色喷泉，游客们不仅可以按动 Aquasonum 上的按钮控制这些喷泉，还可以以同样的方式控制这里的音响设施，让美妙的音乐在园区内回荡。

项目地点|
德国，瓦尔德基兴
占地面积|
7.5 公顷
景观设计|
Rehwaldt LA 事务所
委托方|
瓦尔德基兴自然景观 2007 股份有限公司(Natur in Waldkirchen 2007 GmbH)
摄影|
Rehwaldt LA 事务所，德累斯顿

① 花园
② 地下停车场
③ 城市入口
④ 眺望塔
⑤ 幼儿园
⑥ 长椅
⑦ 幼儿园游乐场
⑧ 游戏平台
⑨ 校园
⑩ 学校草坪
⑪ 观景平台
⑫ 人行漫步道
⑬ 植被
⑭ 草甸
⑮ 岛屿
⑯ 水库
⑰ 丛林
⑱ 平均水位坡度
⑲ 水位坡度
⑳ 人行道
㉑ 落地灯
㉒ 湿草甸

城市公园总体规划

1. 城市公园和游乐场地的景象
2. 城市公园中心的观景平台
3. 蹦床
4. 攀爬设施

1 | 2 | 3
4

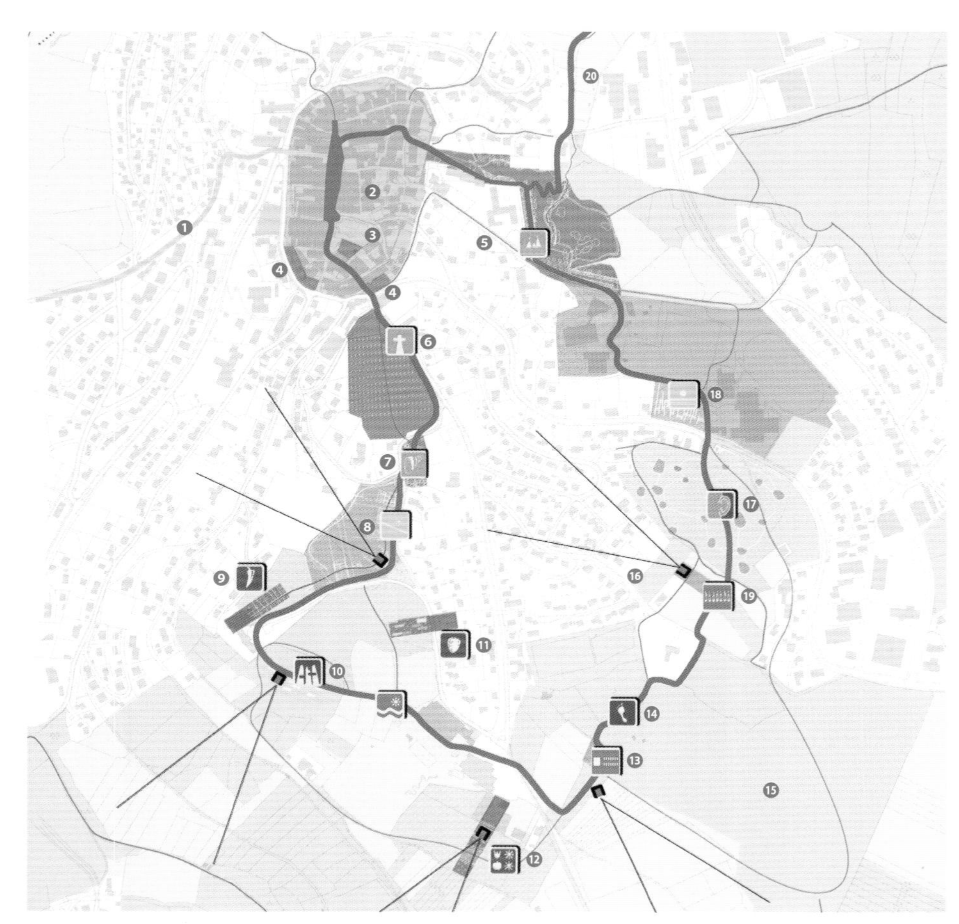

① 金色的人行道
② 贸易市场
③ 古墓
④ 设有围墙的花园
⑤ 城市公园
⑥ 公墓
⑦ 贝尔维尤花园
⑧ 倾斜的花园
⑨ 轮廓清晰的蛋糕花园
⑩ 石林
⑪ 香甜蛋糕花园
⑫ 四季花园
⑬ 卡罗莱小教堂
⑭ 贝尔富特森林
⑮ 卡罗莱森林
⑯ 瓦尔德基兴景观
⑰ 耳状森林
⑱ 肌肉状草坪
⑲ 艺术草坪
⑳ 与车站相连

"瓦尔德基兴自然景观"构建起一个全新的开放空间系统

1. 公园主轴线
2. 学校附近的吊床设施
3. 公园谷地
4. 溪流上方的桥梁

1 2 3 4 5 6

1. 公园内的水梯
2. 巨大的公园座椅
3. 儿童攀爬结构内部
4. 设有 Aquasonum 声波发生器的水池
5. 声波发生器
6. 可以控制音乐和水景设施

Sainthorto 花园景观

在一台特殊电脑的帮助下，Sainthorto 花园景观项目可以根据类似原则从一个自动形成的单一曲调开始，实时创作出文森索·科雷（Vincenzo Core）的音乐作品（和音频信号）。音乐长度为 2 的倍数，音符之间的长度不变。这些配以多音阶“曲目”的新版本被设置在四个项目之间。

曲调的“曲目”越多，受额外操作复杂性的影响越多。此外，音符的长度决定了不同部分的长度比例：短音符配合小而密集旋律的短暂时刻，长音符配合纯净、宽广的时刻。当所有配合旋律的部分生成后，它就变成了另一种旋律：“微观形貌”与“微观形貌”完全重合。

虽然没有取样音色，但是所有声音均是通过删减合成和物理图像合成的方式实时生成的。然后利用花园内气象站记录的环境数据变化对音乐进行调整：风速变化形成了声音的集群，温度影响着声音的音色，湿度改变了声音的回音和反射。

总之，旋律是通过人工交互的形式得以展现的。花园内安装有声波竖琴，并配以可以检测到触摸的传感器。部分蔬菜上也附着有相同的传感器。如果有人触碰到植物架、竖琴或是蔬菜，人们便会听到即兴演奏的乐曲。触碰植物架、竖琴或是蔬菜的时间只需几秒钟，花园便会产生“共振”，在没有任何人为操作的情况下演奏出优美的旋律。

Sainthorto 花园景观项目将四种紧密相关的因素结合在一起：功能、美学、生产和教学。意图对布局进行设计之人，必须以生产为基础基石，因此，有效的培植表面要根据其周围的环境配置情况做出改变。

项目地点 |
意大利，罗马
建成时间 |
2013
占地面积 |
140 平方米

建筑与景观设计 |
弗朗西斯科·利帕里和瓦内萨·托达罗 (Francesco Lipari&Vanessa Todaro/OFL 建筑事务所) + 费德里科·贾科马拉 (Federico Giacomarra)
委托方 |
罗马创客嘉年华
摄影 |
Anotherstudio 摄影工作室

1－2. 2013 年罗马创客嘉年华上的 Saintorto 花园景观
3. 发送接收设备

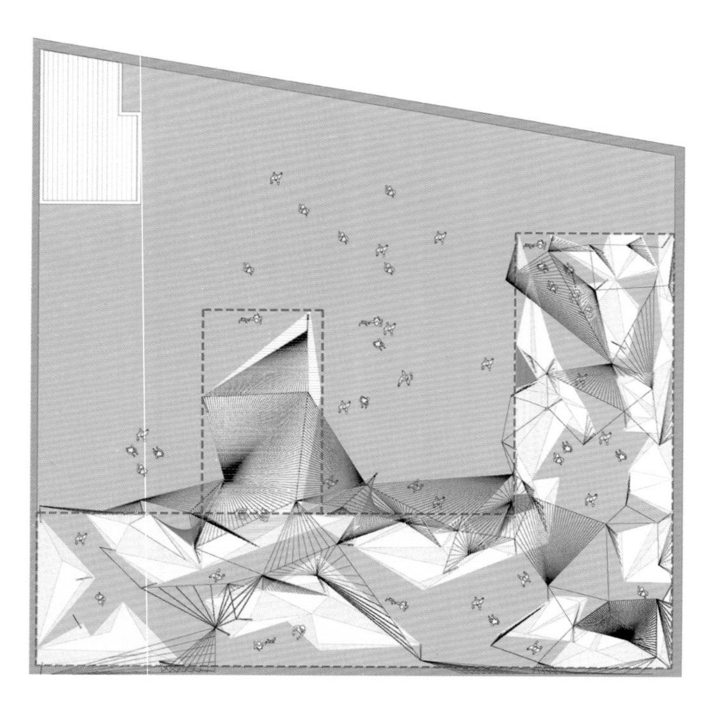

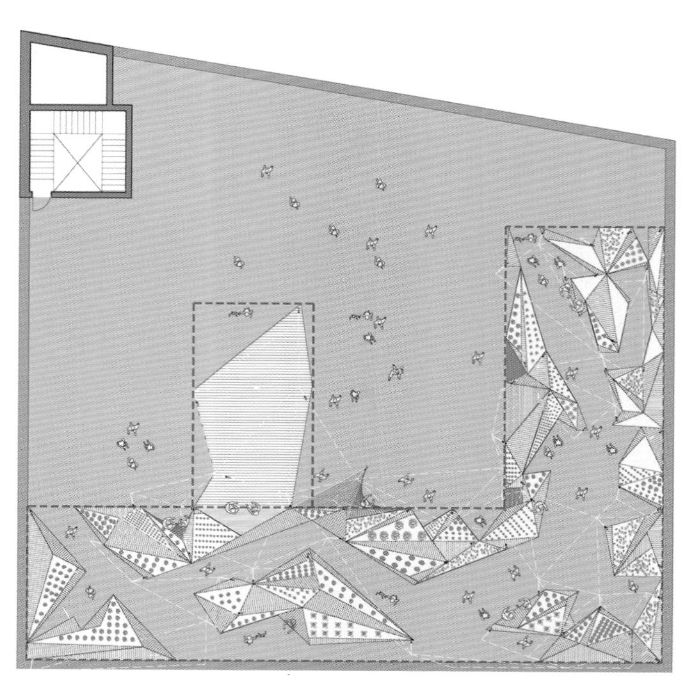

平面图

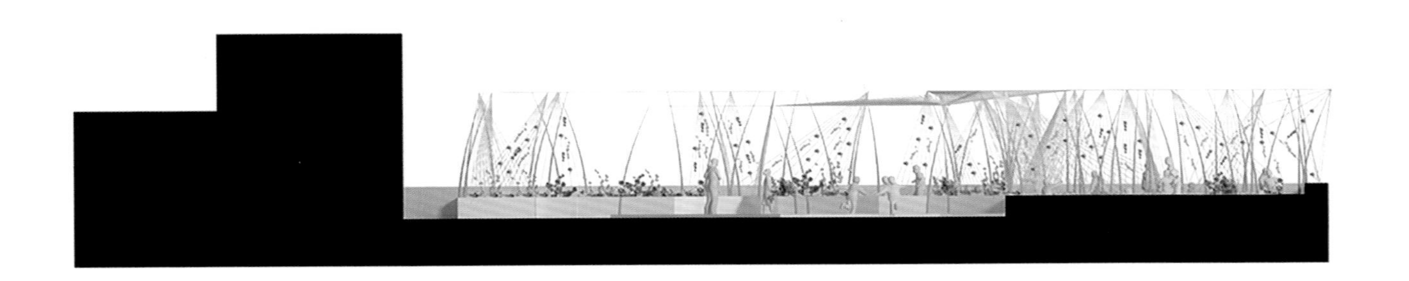

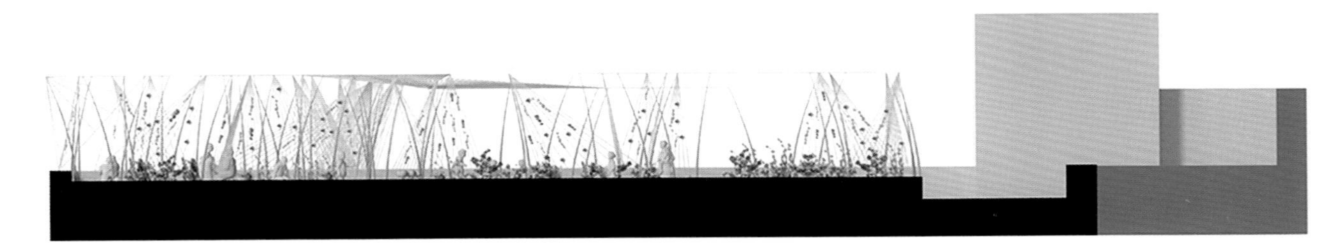

立面图

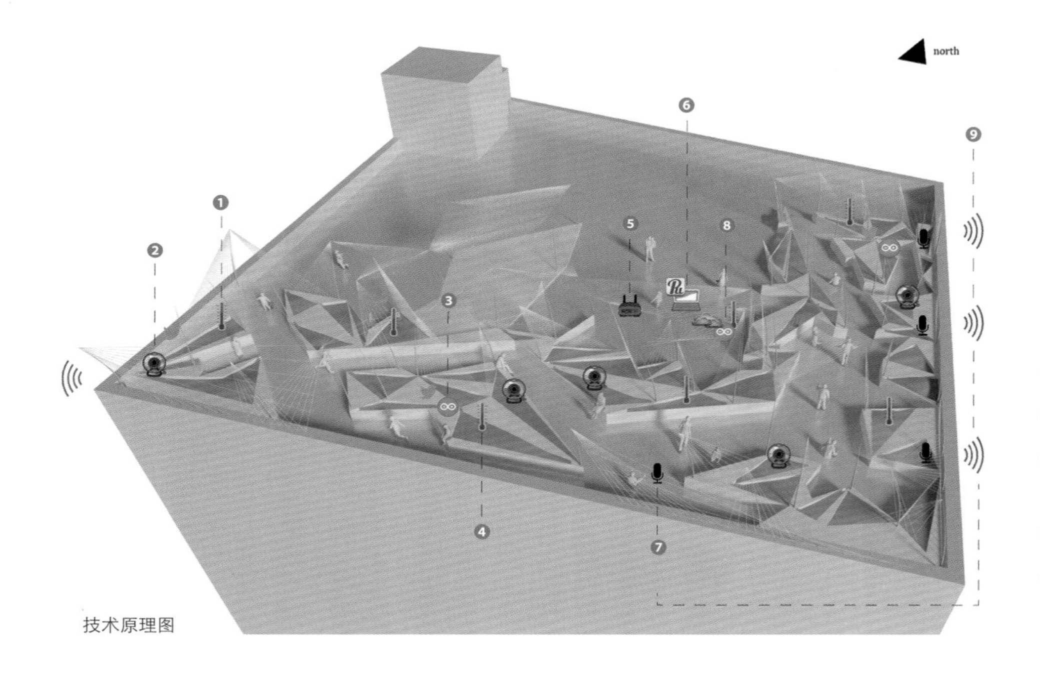

① 贮水池传感器
地表湿度
② 网络摄像机（智能手机）
③ 开源微处理器
数据采集装置
④ 贮水池传感器
地表湿度
⑤ WIFI 路由器
将开源微处理器和网络摄像机或智能手机联网
⑥ 微型电脑
收集数据发送给发送接受设备
⑦ 噪音计
当风拂过时，对弦产生的声音和振动进行测量和取样
⑧ 气象站
测量温度、湿度和亮度
⑨ 音乐会
音乐响起时，弦发出了声音和振动

① 正门入口
② 有教育意义的小路
③ 入口 / 出口
④ 培养池
⑤ 白麻绳
⑥ 培养池
⑦ 5 米 ×5 米的临时看台
⑧ 教育区
⑨ 木制长椅
⑩ 冷杉树杆
⑪ 麻绳吊床

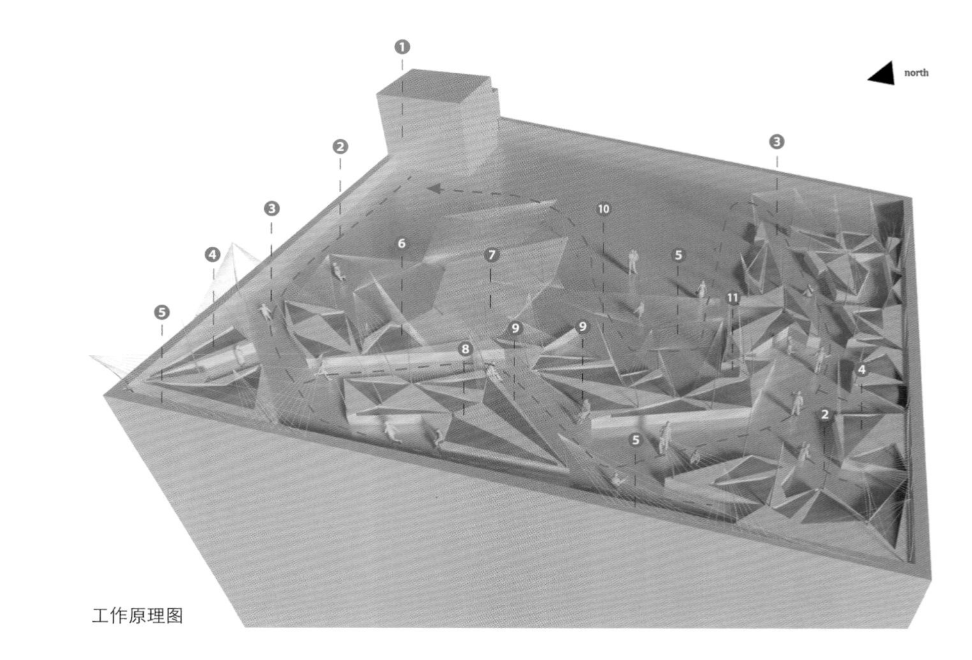

1. 花园内的花坛
2. 近距离感应器
3. 花园详图
4. 在摆动声波竖琴的小孩

2 智能照明与智能采光

景观照明与智能采光的节能方式有很多种，大致概括为以下几种：

· 采用高效节能的电光源
· 采用高效节能的照明灯具
· 采用各种照明节能的控制设备
· 采用可持续电能，利用风能、太阳能等
· 利用特殊的建筑结构降低对照明的要求

在景观节能的应用方面,可以利用节能监控系统节约能源。为达到节约景观照明的电费和维修费用的目的可以采用智能化的控制方式，分时间段对景观照明系统进行调整和控制。通过对各种照明设施的遥测、遥控、遥调，采用灵活的光控和时控策略，实时地进行管理和控制，具有良好的节能效果，节约大量的能源消耗。现在已经有部分的景观在设计过程中采用了利用风能和太阳能的路灯。自然光的优化选择，太阳能的合理利用，风能发电和水能发电也可以达到节能效果。

汽车城的屋顶与服务厅：
屋顶结构最大化空间的明亮度

塔塔咨询服务公司加里马公园：
夜间景观中的节能灯和喷泉

无线智能照明系统

传统照明控制系统有很多缺点，包括布线麻烦、增减设备需要重新布线、系统可扩展性差、系统安装和维护成本高等，因此无线通信技术，是实现智能照明系统的理想选择。ZigBee 技术因其自身具有的特点，决定了 ZigBee 是实现无线智能照明系统的最佳解决方案。

ZigBee 系统的特点决定了它能够满足景观照明系统的需求。无线智能照明系统的控制器与照明灯节点之间只需传输开关信号和调光信号等，数据发送频率不高，而 ZigBee 的最大传输速率可以达到 250kb/s，这对于实现景观中无线智能照明系统来说已经足够；无线智能照明系统的各个灯节点往往需要组成一个星型网、簇状网或者网状网，节点数量在几十到几千个之间，ZigBee 网络最大节点数可达 65535，并对以上拓扑结构都做了很好的支持，满足了无线智能照明系统对网络结构及容量的要求；不同厂家生产的无线智能照明系统的各种节点之间要求具有互操作性，ZigBee 符合全球标准，可以保证不同厂家 = 开发的灯节点之间可以进行互操作和相互替换，从而保障景观灯管的成本投入；智能照明系统中，ZigBee工作在2.4 GHz 的 ISM 频段，信号具有一定的穿透能力（节点之间的最大通信距离可达 100 米），并且 ZigBee 支持路由节点，只要合理布局,可以保证一定范围内没有无线通信的盲区；ZigBee 具备较快的响应特性（2 个节点之间的一次数据发送过程在 5 毫秒之内即可完成），满足照明系统对实时性的要求；照明系统对成本非常敏感。ZigBee 是一种低速率、低成本的无线通信技术。

无线智能照明系统的网络节点分为协调器、路由器和终端节点三种。其中，协调器的硬件结构框图如图 4 所示。

协调器上的震动感测器和亮度感测器用于感测现场的震动信息和亮度信息。当震动较弱时，震动感测器会认为景观现场工作人员或游览人员等已经离开，随即自动关掉照明灯或者调暗亮度。当光线太亮时，如晴朗的白天，亮度感测器可自动调低亮度；当光线太暗时，如夜晚或者阴雨天，亮度感测器随即会调高亮度。系统只需在一个节点上集成震动感测器和亮度感测器，即可通过 ZigBee 网络向各个灯节点传输控制信息，实现对整个照明系统的智能控制、降低电能消耗。

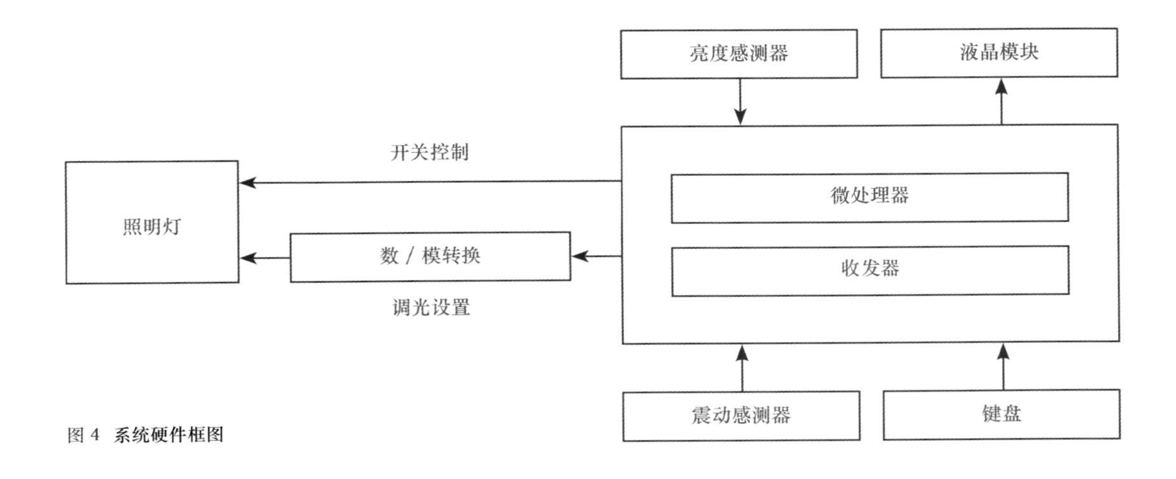

图 4　系统硬件框图

智能灯光照明控制系统

近年来，绿色能源在景观设计中得到了广泛应用，其中智能灯光照明控制系统在绿色能源中起到了重要的作用。太阳能 LED 照明系统作为一种重要的绿色能源也逐渐应用在景观设计中。目前，太阳能 LED 景观照明系统在城市广场、主体公园等领域得到越来越广泛的应用。本文介绍的基于无线传感器网络广场景观照明系统实现了远程控制 LED 灯的开关、光强、色彩，可灵活构建多个景观场景，同时实时检测 LED 灯具工作状态与电源供给情况，确保系统维护及时有效。

ZigBee（紫蜂协议）无线传感器网络是一种基于传感器网络、简单可靠、部署方便的太阳能景观照明控制系统，实现系统内照明单元的光强及色彩控制。LED 因为其自身的特点——功耗低、寿命长、响应速度快、可高频开关闪断、调光方便已经成为景观照明设计过程中的一个重要选择。特别是太阳能 LED 景观照明喜迎，现在已经应用于一些街道、广场、公园等景观领域。本节中的基于无线传感器网络的景观照明系统实现了 LED 灯的开关、光强、色彩的远程控制，能够灵活构建多个景观场景。同时，也可以随时检测 LED 灯具的工作状态和电源供给情况，保证能够及时有效地维护系统。

基于 ZigBee 传感器网络的景观照明系统的设计系统利用传感器网络实现了对系统内众多照明单元状态的实时检测及集中控制管理，系统提出的检测控制通信方式保证了多场景间切换的协调同步，实时性强。该系统在城市主体公园等景观应用中运行可靠，多场景的设置方便、自动切换准确。

景观照明系统主要由三部分构成，包括照明单元、场景控制器与监控主机，如图 5 所示。通过监控主机，景观照明系统工作人员实现了对整个景观系统各照明单元工作状

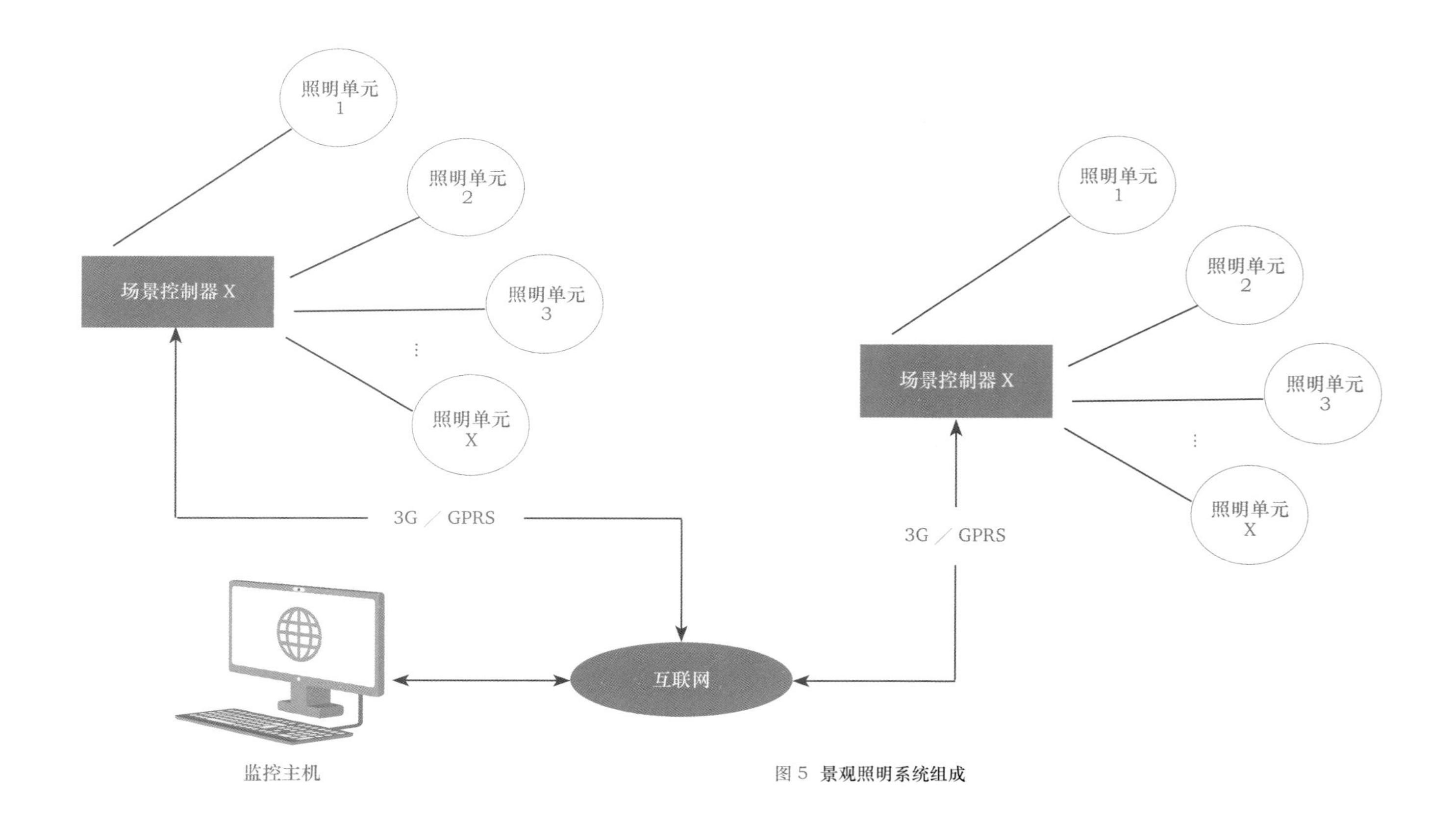

图 5 **景观照明系统组成**

态的检测、管理与控制。系统中设置一台计算机作为监控主机，主机需要连入Intenet、安装景观照明系统监控软件。场景控制器及其所控制的照明单元是系统的基本组成单元。监控主机通过互联网和GPRS无线网络与系统保持信息交互，系统中根据景观照明规模与应用环境决定场景控制器台数。由于景观照明对实时性要求低于工业控制系统且所需传递信息量少，景观系统局部通信采用ZigBee无线传感器网络，照明单元完成传感器网络设备功能，而场景控制器则实现无线传感器网关功能并充当各自传感器网络的协调器，负责各传感器设备的组网及数据传递管理。系统中照明单元不但需要完成传感器设备功能以外，而且也需要完成的工作包括采集本照明单元检测数据、根据系统要求发送数据、蓄电池充电管理、照明控制等。

照明单元主要由五部分组成，包括太阳能电池板（组）、电源管理模块、蓄电池(组)、LED灯控制模块、无线收发模块。场景控制器内置GPRS模块，照明单元通过GPRS网络接入Intenet，与上位机实现通信。同时，场景控制器在ZigBee无线传感器网络中的功能是协调器，负责无线传感器的组网和管理各传感器设备（照明单元）。

在系统运行过程中，场景控制器的功能并不是处理和保存监控主机以及照明单元发来的信息，而是直接将照明单元发送的状态检测信息通过局域网传给监控主机。监控主机收到信息后进行处理并将下达的指令通过场景控制器发送给各照明单元。场景控制在系统中作为传感器网关，负责与各个设备通信及Intenet网通信。

监控主机的职能是处理判断整个系统多个场景及照明单元的信息，是整个景观照明系统的信息中心。在系统运行时，上位机软件通过Intenet接收来自场景控制器转发的照明单元的状态信息，并根据场景设置的需求发送查询、设置指令到场景控制器，然后由场景控制器转发至相应的照明单元。

监控主机控制整个系统照明单元启动时间、光源颜色及光强，是系统的控制中心。系统以场景控制器为单位进行设置，可以为场景控制器控制的每个照明单元配置参数。软件提供编辑功能，将编辑的结果编码后存储在本地硬盘文件。设置时加上起止时间发送给指定的场景控制器。监控上位机软件的同时提供系统运行状态动态分析、报警、维护提示等功能。

由于ZigBee无线传感器网络是一种低速率、低功耗、短距离的无线通信技术，并支持多种组网方式，所以景观照明控制系统局域通信采用ZigBee无线传感器网络。基于对效率和可靠性的考虑，景观照明控制系统使用星型拓扑组网，即每个景观照明系统根据需要部署至少一个场景控制器，每个场景控制器直接与照明单元通信。由于每一个传感器网络只能有一个场景控制器，而每个场景控制器负责一个传感器网络的网络，所以系统中监控主机需要通过Intenet管理多个场景控制器。

印度支那半岛 Saigon 高端别墅区

印度支那半岛 Saigon 高端别墅区的入口位于别墅区正面的主干道上。以稻米形几何图案为灵感设计的别墅区围墙新颖独特，是别墅区的一大特色。围墙与别墅区入口处的特色艺术墙融为一体。夜幕降临时，围墙后面的灯箱发出柔和的光线，围墙上的雕刻图案也会在灯光的映射下投射出暗影，营造出一种动态的效果。

稻米形几何图案贯穿项目始终，特别是在位于别墅区入口旁的社区公共泳池广场中有更多的呈现。设计团队将这片区域打造成主要的聚会场所，这里在视觉上建立起相邻湖泊与无边界游泳池之间的联系，而线性平台棚顶结构是无边界游泳池的一大亮点。饰有图案的平台以横竖两个方向交错而至，构造别致讲究。具有相似设计特征的荫蔽的走廊将太极广场与滨水烧烤平台和儿童水景公园连接起来。水景戏水喷泉是以莲花为灵感设计的，其雕塑造型使其看起来更像是一个艺术品而不是水景设施。这片区域的舞台照明设施使得雕塑元素更加突出，同时给居住在高端别墅区内的人们带来一种在精品度假村内度假的感觉。

再往里走，便可看到一座社区公园，这是别墅区内的另一主要的公园空间。这是一个颇具特色的空间，设计团队将这里构想为一片绿洲，人们也可以从线性滨水公园进入社区公园。这座公园的外形和纹饰是以稻米形几何图案为灵感设计的，公园内最为常见的设计元素是特色隔墙。这些以茂盛植被为背景的隔墙构成了社区公园内的新背景。公园内的平台上设有多张线性长椅，人们可以在这里休闲放松或是沉思冥想。除此之外，公园内还修设有一个中央凉亭，由多根细长金属柱支撑着的凉亭棚顶悬于树层之中，其美观的悬浮造型与树叶形成鲜明对比。凉亭棚顶上的多个镂空图案进一步加强了凉亭雕塑般的质感，这种设计方式不仅可以减轻凉亭棚顶的重量，还可以在地面上投射出暗影。草坪上的踏脚石也是以稻米形几何图案为灵感设计的，用以呼应主题的同时，将凉亭棚顶投射在地面上的幻影变成真实的稻米几何形状的踏脚石。绿色植物之中设有多张雕塑般的座椅，与繁茂的树叶形成鲜明对比。LED 照明设施进一步地将这些公园内的主要景观特色突显出来。

在该项目中景观设计师采用艺术与文化相结合的方式为住户和访客打造独特的风景，让印度支那半岛 Saigon 高端别墅区成为胡志明市的地标性建筑，同时营造出一种全新的度假村风格的城市人居环境。

项目地点 |
越南，胡志明市
建成时间 |
2014
占地面积 |
8 公顷
景观设计 |
一林景观设计有限公司
委托方 |
Indochina Land 房地产公司
摄影 |
詹森·芬德利 (Jason Findley)，亚伦·乔尔·桑托斯 (Aaron Joel Santos)

1|2

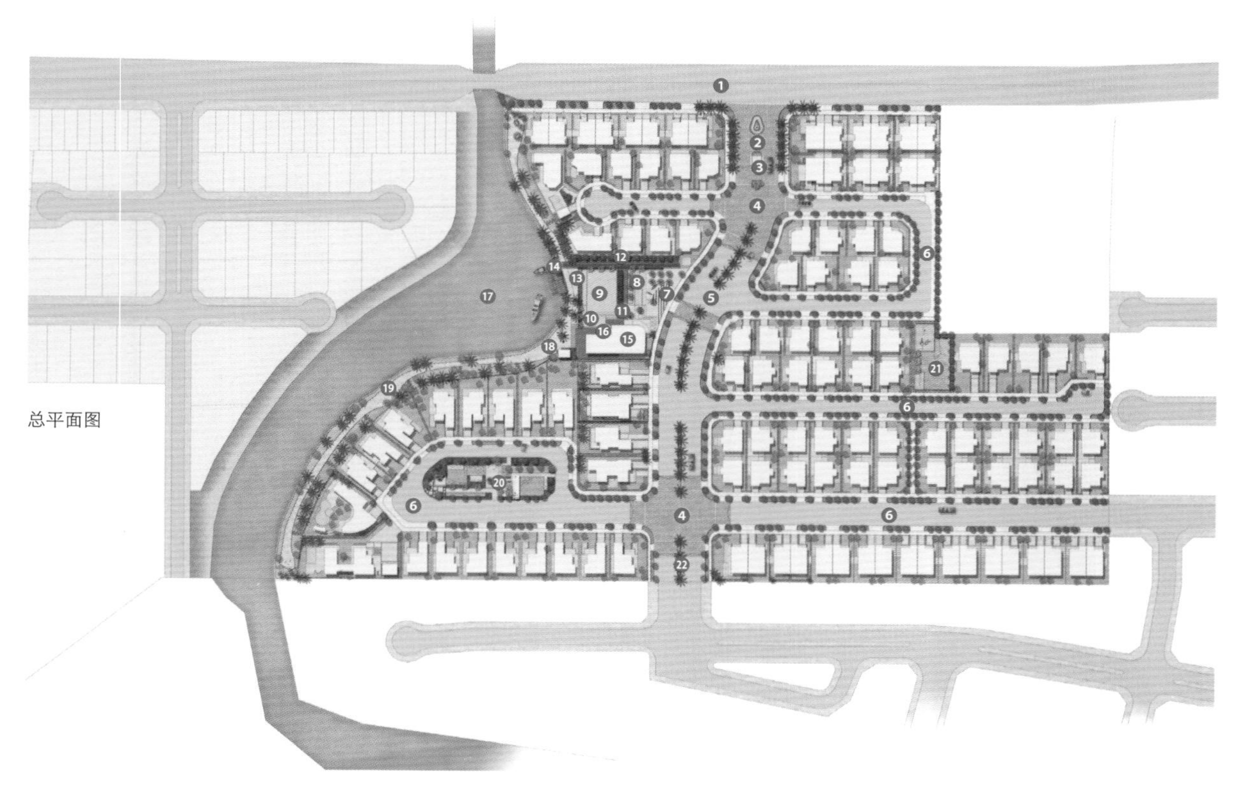

总平面图

① 公共道路
② 栽种有特征树的主入口广场
③ 门卫室
④ 凸出的横道
⑤ 主要通道
⑥ 区内道路
⑦ 太极广场
⑧ 水景瀑布
⑨ 游泳池
⑩ 儿童游泳池
⑪ 水池平台
⑫ 栽种有特征树的入口通道
⑬ 莲花水景戏水喷泉
⑭ 码头和烧烤平台
⑮ 俱乐部
⑯ 俱乐部平台
⑰ 湖泊
⑱ 滨水公园
⑲ 滨水通道
⑳ 社区公园
㉑ 游乐场
㉒ 南侧入口

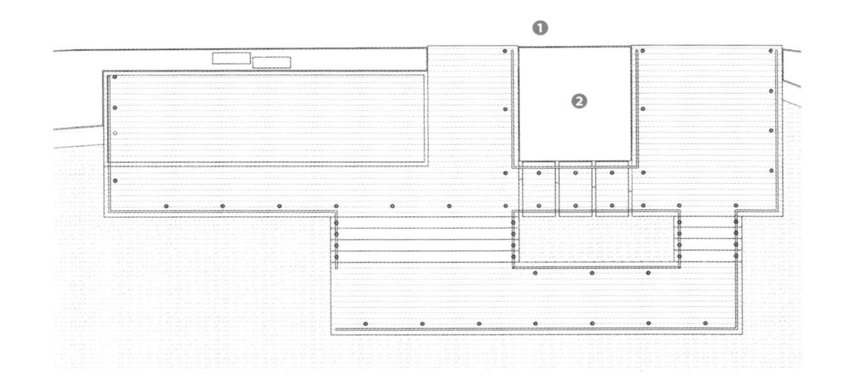

① 滨水公园
② 水生植物

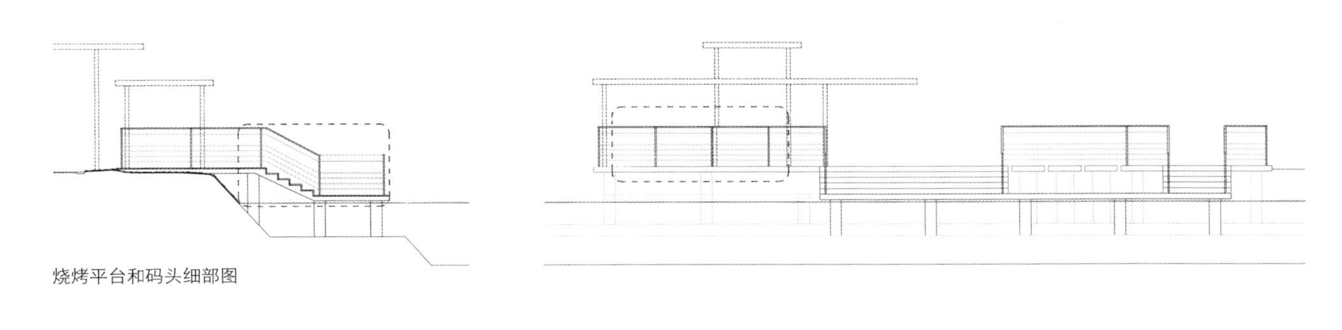

烧烤平台和码头细部图

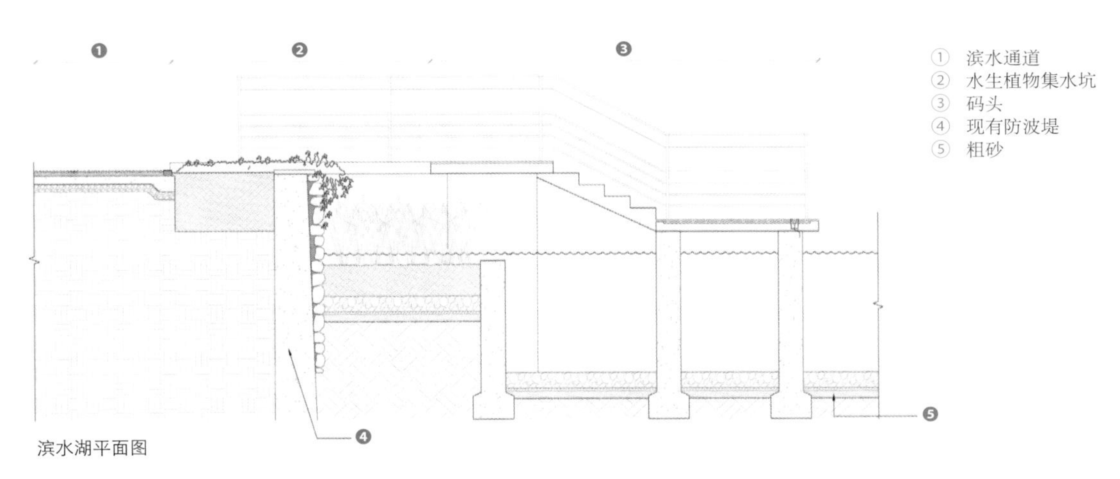

① 滨水通道
② 水生植物集水坑
③ 码头
④ 现有防波堤
⑤ 粗砂

滨水湖平面图

1. 悬于原有湖面之上的烧烤亭和码头
2. 湖畔漫步道的景象

1. 从空中俯瞰设有特色棚顶结构的俱乐部
2. 园内以稻米形几何图案为灵感设计的特色隔墙
3. 以稻米形几何图案为灵感设计的特色隔墙，背景是茂盛植被

1 | 2/3

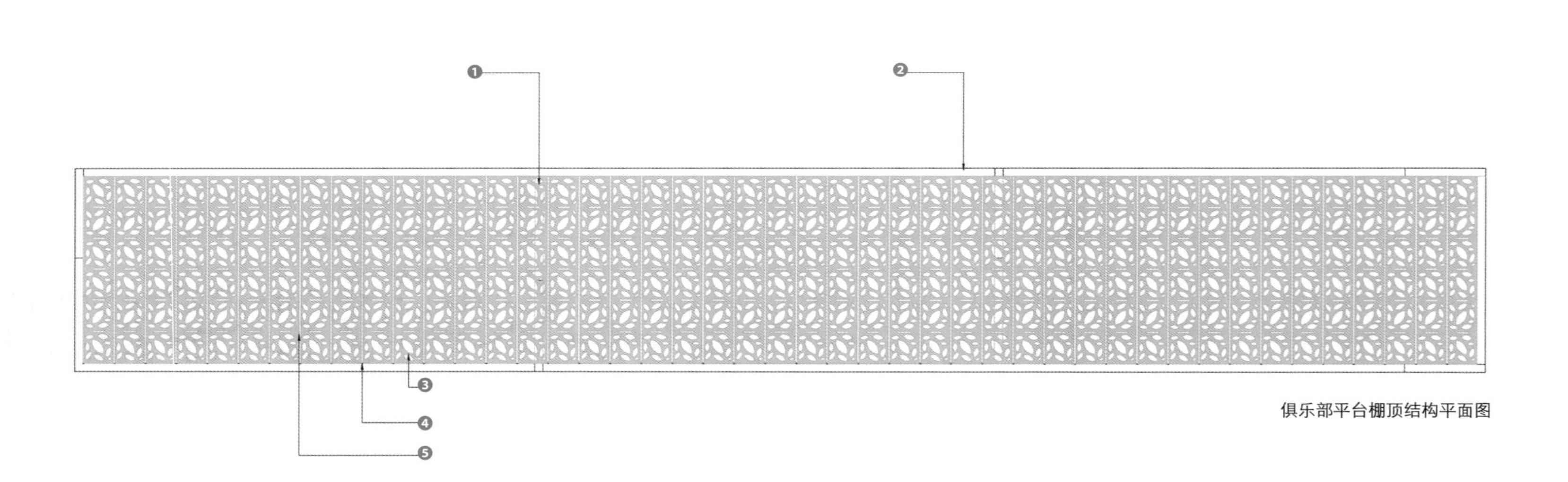

俱乐部平台棚顶结构平面图

① 根据工程师提供的规格说明和详图设计的 100 毫米 ×100 毫米矩形管横梁与筛板相匹配
② 根据工程师提供的规格说明和详图设计的 150 毫米 ×100 毫米矩形管屋顶结构与筛板相匹配
③ 根据专业人员提供的详图和规格说明设计的激光切割铝板
④ 根据专业人员提供的详图和规格说明设计的 Steel-L 20 毫米 ×10 毫米结构
⑤ 根据专业人员提供的详图和规格说明设计的 Steel-T 20 毫米 ×10 毫米结构

特色隔墙平面图

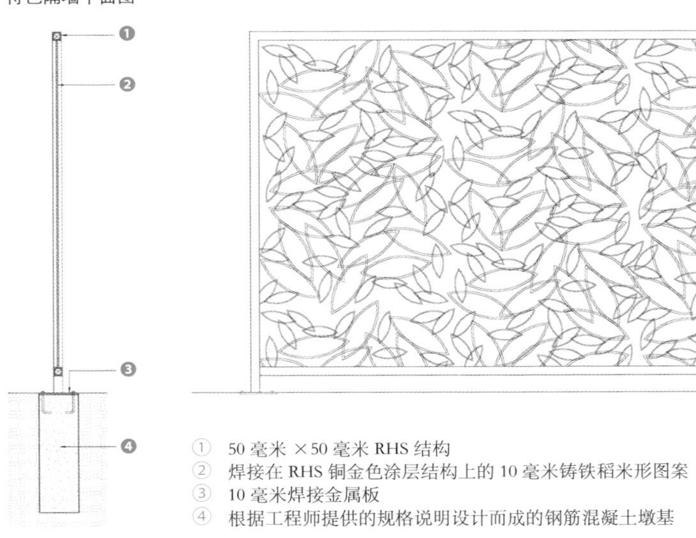
① 50 毫米 ×50 毫米 RHS 结构
② 焊接在 RHS 铜金色涂层结构上的 10 毫米铸铁稻米形图案
③ 10 毫米焊接金属板
④ 根据工程师提供的规格说明设计而成的钢筋混凝土墩基

1 | 2 | 3
4

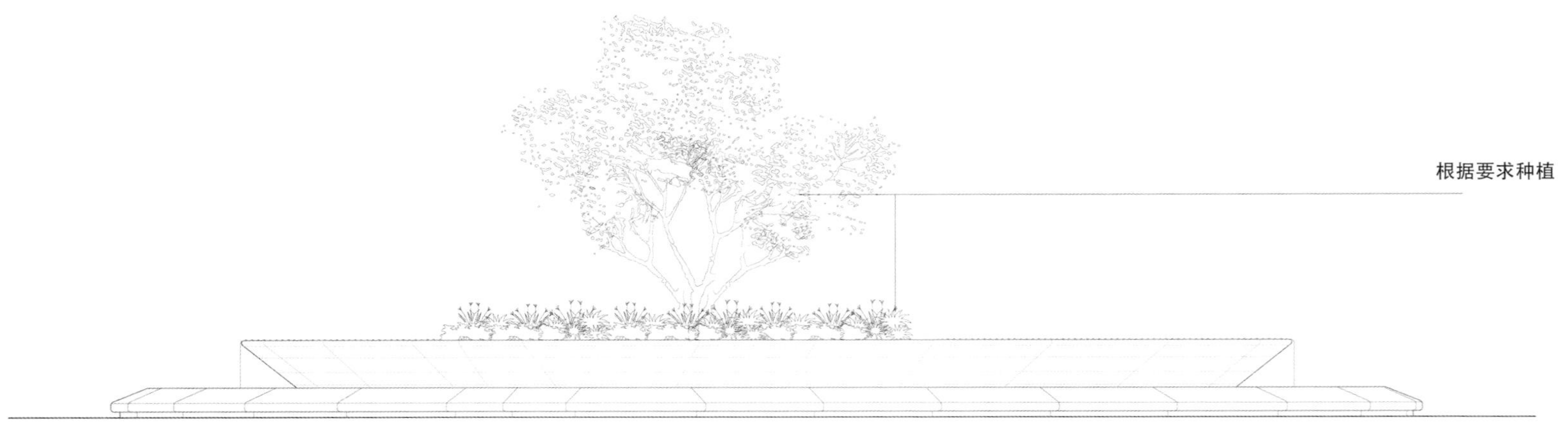

树木立面图

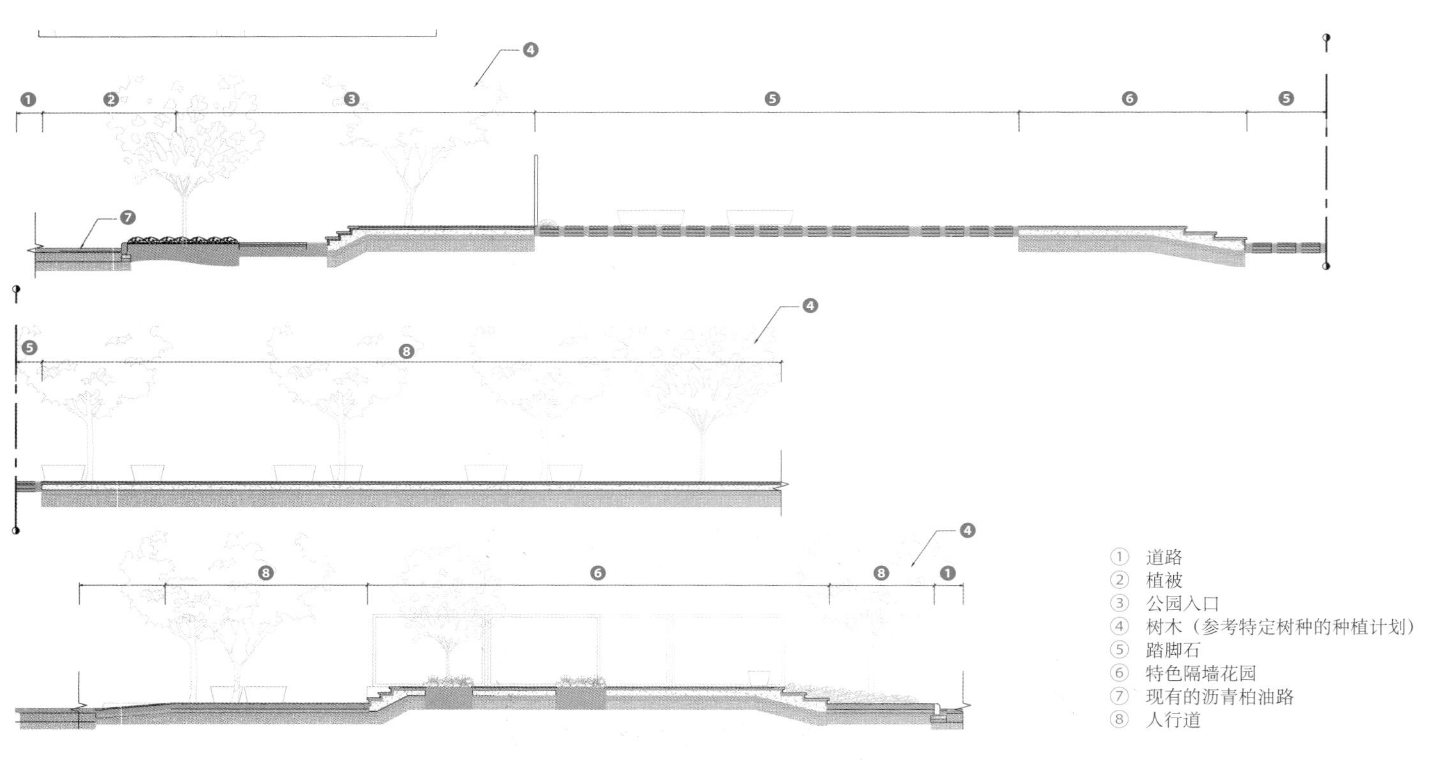

① 道路
② 植被
③ 公园入口
④ 树木（参考特定树种的种植计划）
⑤ 踏脚石
⑥ 特色隔墙花园
⑦ 现有的沥青柏油路
⑧ 人行道

社区公园剖面图

1. 人们可以在凉亭棚顶下的荫蔽座椅上欣赏风景或是沉思冥想
2. 公园内富有层次的人造景观和天然植被
3. 园内以稻米形几何图案为灵感设计的特色隔墙
4. 雕塑造型的荷花还可作为儿童嬉水装置使用

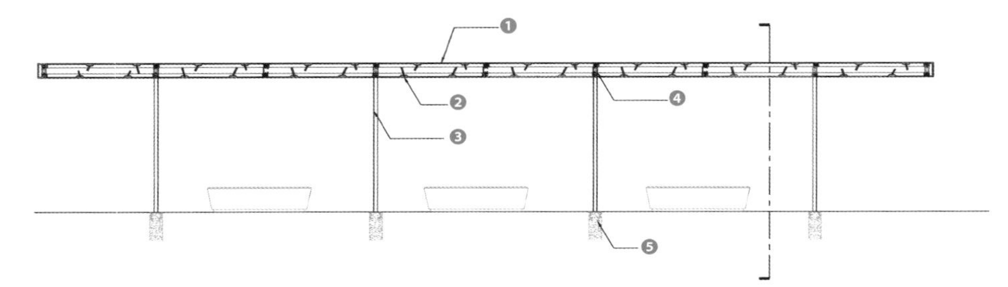

① 根据专业人员提供的详图设计的 GFRC 面板（白色）
② 焊接在立柱 / 钢框架上的钢支撑杆
③ 根据工程师提供的详图和规格说明设计的喷涂有环氧树脂漆的 70 毫米 × 70 毫米 GMS / RHS 柱
④ 110 毫米 × 70 毫米 GMS / RHS 结构
⑤ 根据工程师提供的详图和规格说明设计而成的墩基

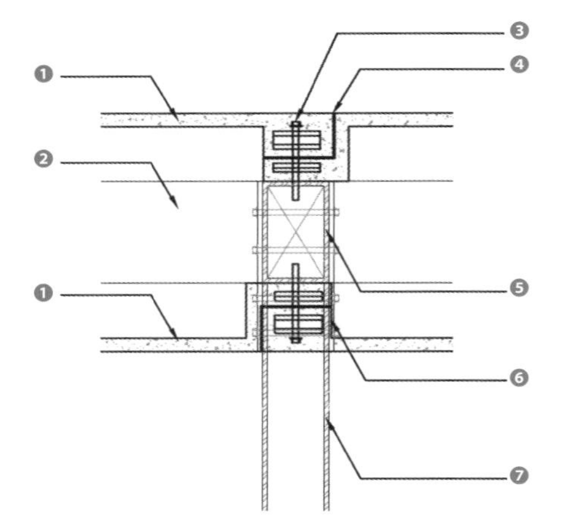

① 根据专业人员提供的详图设计的 GFRC 面板（白色）
② GMS / RHS 结构
③ 制造商提供的 GRFC 锚索
④ 用 GFRC 兼容密封胶接合
⑤ 110 毫米 × 70 毫米 GMS / RHS 结构
⑥ 焊接和栓接钢板
⑦ 根据工程师提供的详图和规格说明设计的喷涂有环氧树脂漆的 70 毫米 × 70 毫米 GMS / RHS 柱

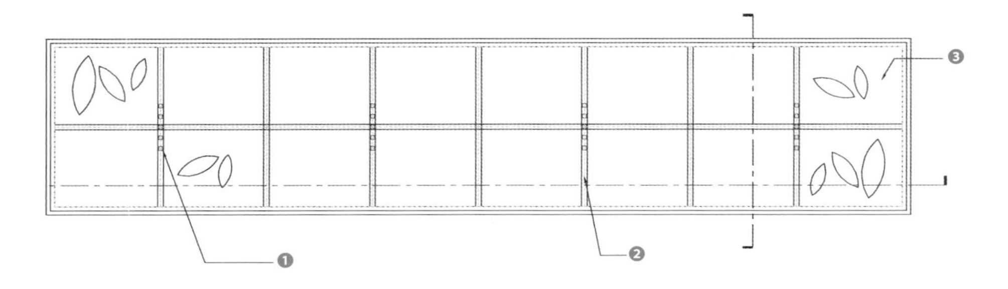

① 根据工程师提供的详图和规格说明设计的喷涂有环氧树脂漆的 70 毫米 × 70 毫米 GMS / RHS 柱
② 用 GFRC 兼容密封胶接合
③ 根据专业人员提供的详图设计的 GFRC 面板（白色）

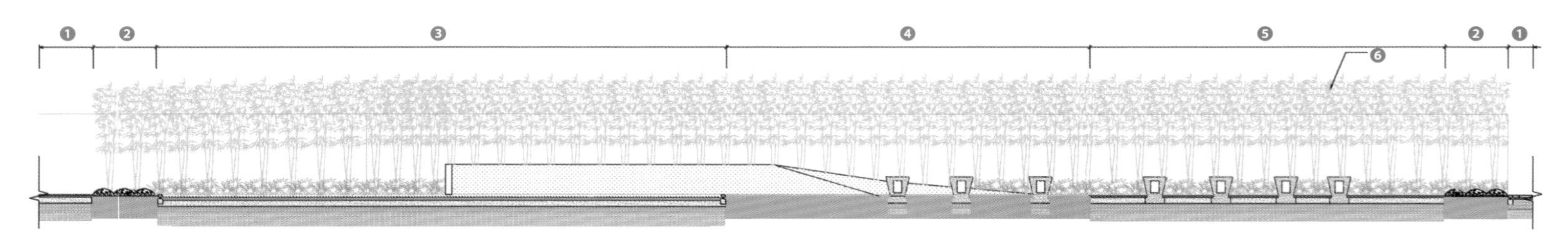

游乐场剖面图

① 人行道
② 植被
③ 安全区
④ 草坪区
⑤ 座椅区
⑥ 竹子种植（参考特定树种的种植计划）

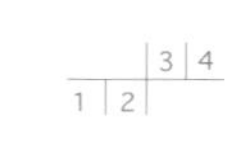

1. 阳光透过凉亭棚顶上的镂空图案在地面上投射出独特的暗影
2. 悬于树木和绿色植物之中的凉亭棚顶
3. 项目体验始于别墅入口及面向主要道路的别墅正面
4. 艺术墙上的图案与光线相互作用

① 150 毫米 × 50 毫米 RHS 铜金色涂层结构
② 刷有 20 毫米厚白色底灰的混凝土墙
③ 50 毫米厚的浅灰色石块
④ 喷涂有铜金色涂层的组合字母

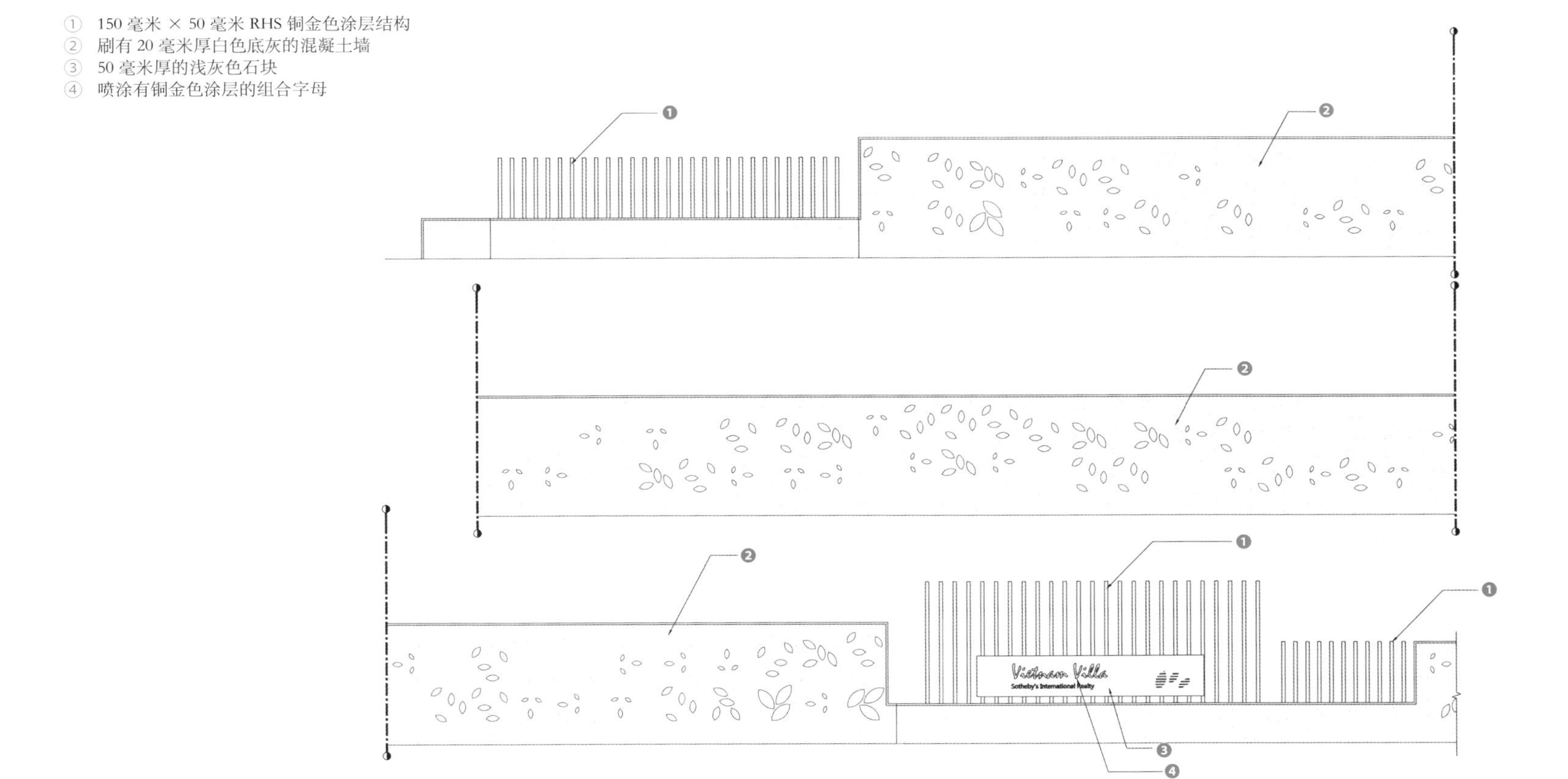

主入口特色隔墙详图

1/2 | 3 | 4/5

水级联平面图

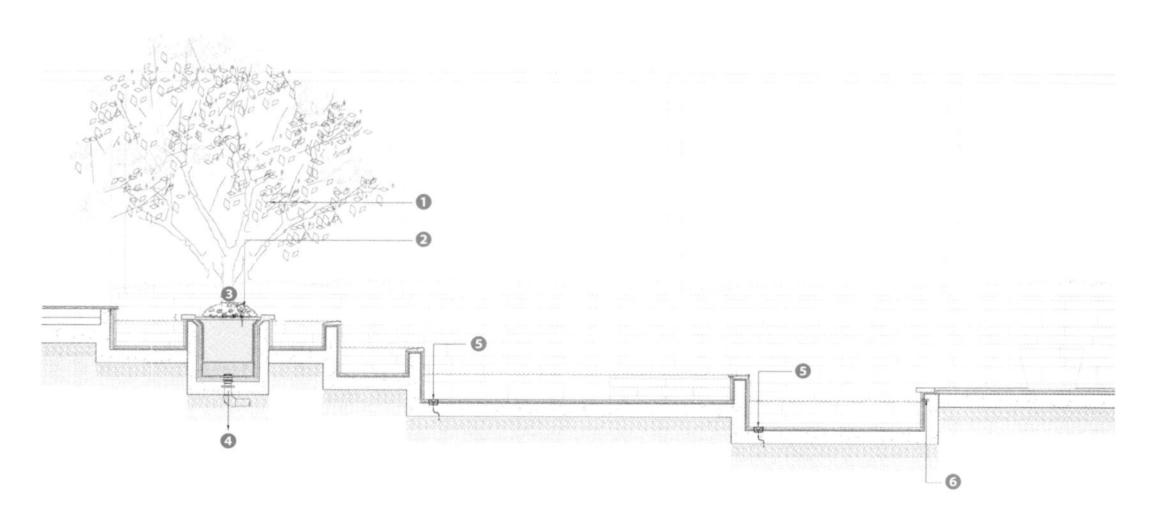

① 指定植被
② 向上的穗形照明设施
③ 多重复合
④ 排水口
⑤ 水下嵌入式向上的照明设施
⑥ 溢流管道

1. 别墅区内丰富的景观环境
2. 有机与无机、人造与天然并置
3. 游乐场和花园
4. 丰富的图案面板构成了泳池遮篷的水平和垂直要素
5. 台阶与水级联形成互动

汽车城的屋顶与服务亭

由自动停车场、交通信息识别装置和自动远程控制设备组成的驾驶员辅助系统与今天的汽车时代有着极为紧密的联系。沃尔夫斯堡汽车城里的全新“驶出口”为顾客提供了尝试科技系统的机会，顾客们可以在此尝试驾驶大众品牌的最新产品。这种空间设计有助于保证试车过程中道路交通的安全性。该项目占地15000平方米，这一具有吸引力的新驾驶区历经10个月的时间，在2013年8月正式对外开放运营。

Graft建筑事务所接受了这一为新车购买者在安静区域内创建试车空间，购车者可以在一个近乎私密的环境内熟悉车辆的全部性能。在进行空间设计时需要避免雨水冲刷和阳光直射，同时还需获得相对充足的自然光照明，避免使用昂贵且不必要的人工照明，造成人力浪费和能源浪费。

Graft建筑事务所从树叶叶片中获得灵感，设计出一个水平的叶片，以一种有机形态对景观进行保护。WES景观设计事务所对屋顶周边的景观进行了规划。设计团队将篷罩设计融入建筑景观，而不是设计一个独立式建筑。屋顶的基本形态存在于室内建筑内。

这个大叶屋顶的独特景观建筑，同时在功能上满足了客户的需求。

在建筑设计中应用这种结构，势必能够在最大程度上提高空间的亮度；设计团队采用了一种特殊的静态处理方式，使这一独特的屋顶结构在两点上得以固定。该建筑结构清晰地界定出屋顶下的空间布局。结构框架设计是由Schlaich Bergermann&Partner工程公司设计完成的。

屋顶朝向通过一定的弯曲程度向来宾展现出欢迎的姿态。简洁而难以描绘的屋顶几何结构构筑起一架醒目的桥梁，将空间顶部和底部、天空与地面景观衔接起来。

关联服务亭可以履行各种功能，顾客们可以在这里向专业人士咨询有关新车的问题，还可以在这里买到大众汽车的标准配件或是获取大众汽车城推出的活动信息。

项目地点 | 德国，沃尔夫斯堡

建成时间 | 2013

建筑设计 | Graft 建筑事务所

建筑师 | Schlaich Bergermann&Partner 工程公司

景观设计 | WES 景观设计事务所

屋顶结构承包商 | Eiffel Deutschland Stahl 技术有限公司

委托方 | 沃尔夫斯堡汽车城

摄影 | WES 景观设计事务所，托比亚斯·海恩 (Tobias Hein)

鸟瞰图

1. 抵达汽车城的屋顶与服务亭
2. 德国沃尔夫斯堡气象防护屋顶结构
3. 水平叶片可以以一种有机形态对景观进行保护

1. 屋顶内部的结构详图
2. 设计团队采用了一种特殊的静态处理方式，使这一独特的屋顶结构在两点上得以固定
3. 空间可以免受雨水冲刷和阳光直射
4. 服务中心内部的景象
5. 充满阳光的服务中心

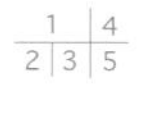

塔塔咨询服务公司加里马公园

这个软件中心是以单一智能终端单元及其对最佳采光的要求为基础而设计的。所有设计都是围绕位于中心大厦的智能终端展开的。这里可以容纳一万人；此次设计将在不额外增加建筑的情况下，增加 20% 的智能终端。这些智能终端将被安置在东侧大厦的夹层内。

位置、定向和其他场地问题的气候原则也被考虑在内。入口的方向、中央主体建筑的布局和其他功能区的位置与这家公司先前某栋建筑的设计相似。建筑布局完全遵循风水学原则，而且非常适合艾哈迈达巴德当地的气候。

在塔塔咨询服务公司加里马公园的景观元素中，联锁砌块被广泛地用在园区道路的铺砌中。其他材料有喷砂加工石灰岩，这种材料被用来铺砌硬质通道和广场。设计团队还将几处绿廊融入该项目的设计中，这些绿廊采用带有仿制木纹饰面的实木或含铁水泥制成，不仅可以为人们提供遮阴和休息的地方，还可以营造出光影交错的效果。设计方案中还提到了对喷泉等几处水体的设计，用以提高 IT 公园的整体感觉。设计方案拟定在公园东北侧修设一个露天剧场，从而为公司员工提供一个互动和聚会的场所。

塔塔咨询服务公司加里马公园已然成为一座“绿色”园区，并已申请 LEED（能源与环境设计先锋奖）黄金认证。太阳能电池板、LED 照明设施和光敏传感器已被应用到该项目的设计中，用以优化电力消耗。

项目地点 |
印度，甘地纳格尔
建成时间 |
2009
景观设计 |
斯耐哈·沙阿 (Snehal Shah) 和工程设计研究中心 (拉森特博洛有限公司)
景观顾问 |
马凯硕·D.普拉丹景观设计公司

委托方 |
塔塔咨询服务公司
摄影 |
斯耐哈·沙阿和工程设计研究中心，恩里科·卡诺，安东尼奥·马蒂内利

1. 从水池望向加里马公园正面的景象
2. 花园步行道上休闲放松的人们
3. 喷泉全貌
4. 草坪露天剧场
5. 公园与森林之间的道路

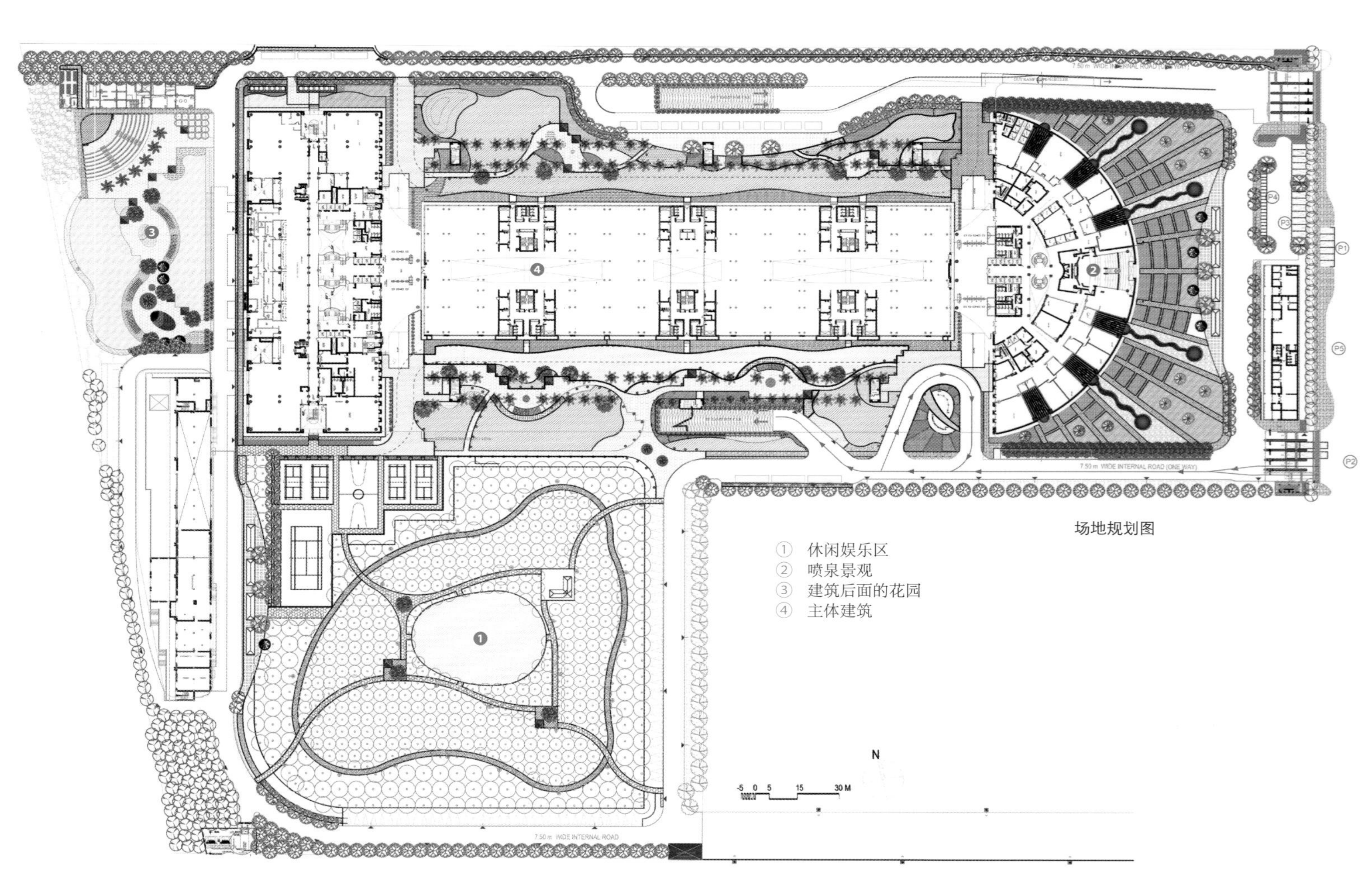

场地规划图

① 休闲娱乐区
② 喷泉景观
③ 建筑后面的花园
④ 主体建筑

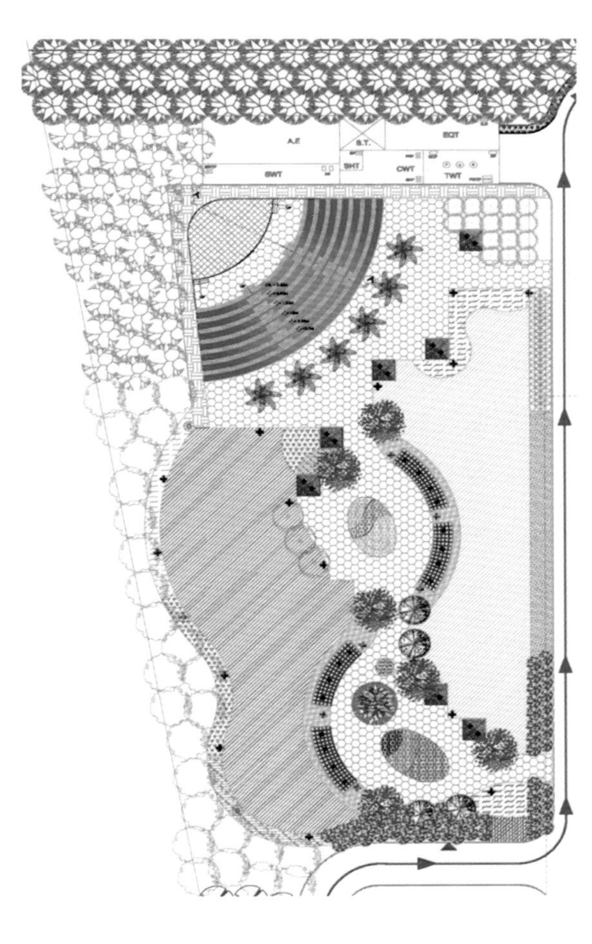

外部的区域 1

外部的区域 2

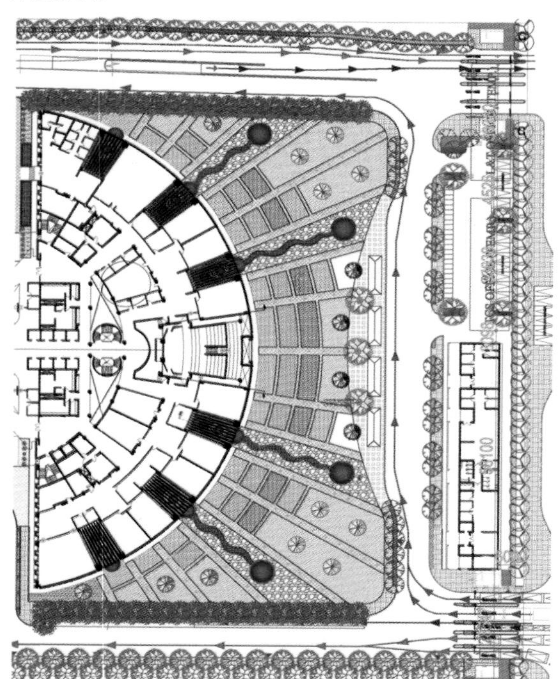

喷泉详图

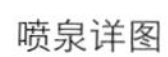

柱顶灯

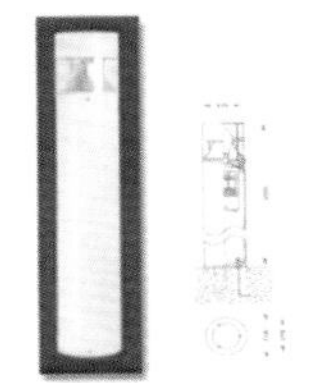

双子环球护柱

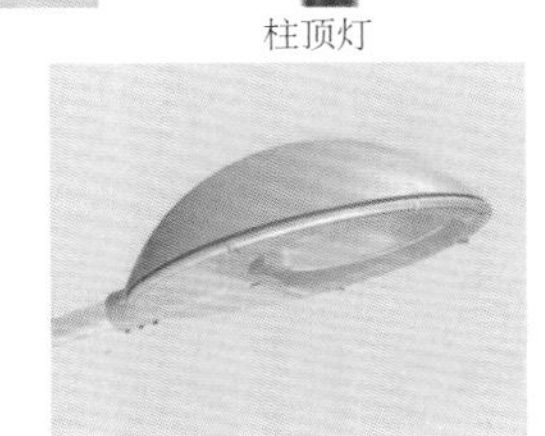

街灯

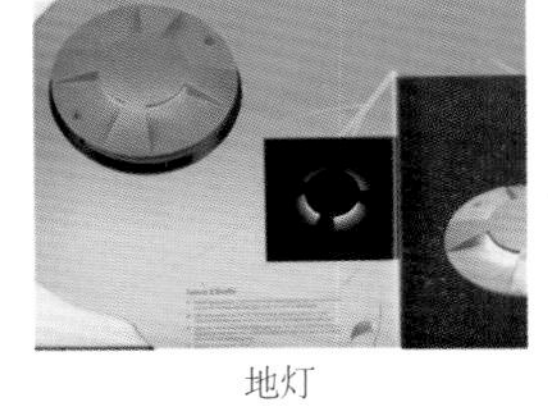

地灯

1. 喷泉和前东立面的景观向进入园区的人们表示欢迎和问候
2. 喷泉夜景和夜间的景观照明设施
3. 加里马公园侧面的景象和北立面大片吸收漫射光的草坪

下照灯

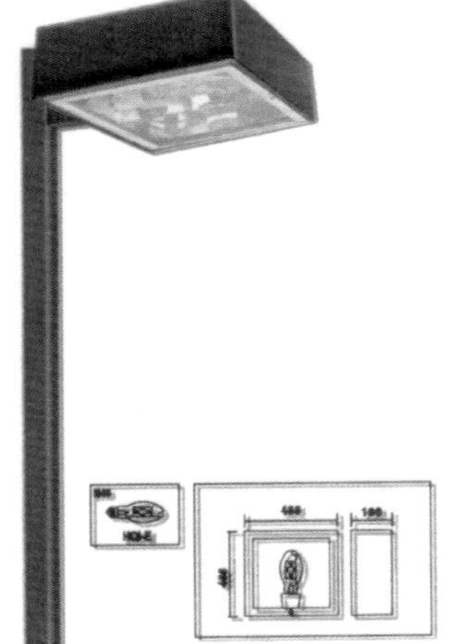

公园照明设施

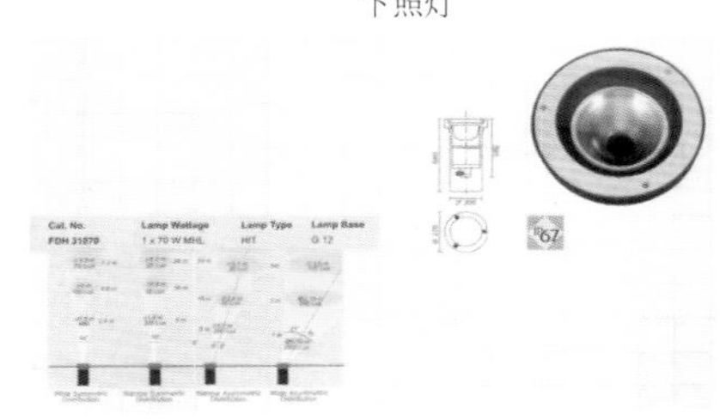

植物照射灯

绿色植物补植 - 大规模种植

糖胶树 黄梁木属植物 长萼兰属植物

羊蹄甲属植物 阿勃勒 决明属植物

红鸡蛋花观赏特性 鸡蛋花新加坡观赏特性 掌叶黄钟木

黄花夹竹桃

绿色植物补植 - 大规模种植 白兰香味金香木 洋玉叶金花 - 本地森林树种

仙枝花

老鸦烟筒花 白鸡蛋花 火焰树的彩色花朵

大叶相思 苦楝树 正荫豆

绿色植物补植 - 鳞茎和地被植物

水鬼蕉 葱莲属植物

文珠兰属植物 野牛草

绿色植物补植 - 棕榈植物

皇后葵 布迪椰子 刺葵属植物

棕竹 杂色棕竹

铁苋菜属植物彩色的叶子
马占相思
红花月桃
狗牙花属植物
黄钟花属植物
马鞭草属植物
红叶铁苋
白花羊蹄甲
红粉扑花
硬骨凌霄粉色
硬骨凌霄橙色
硬骨凌霄黄色
红背桂花
海里康属植物
立鹤花微型
大王仙丹
龙船花属植物的红色花朵
红花蕊木
欧洲夹竹桃
蒜香藤的彩色花朵
使君子
紫薇
金色马缨丹
马樱丹属
硬枝黄蝉
花叶艳山姜的彩色叶子
水塔花属植物
蓝花草属植物粉色
蓝花草属植物紫色
蓝花草属植物白色
假连翘阳光
黄叶假连翘
喜花草属植物
多揭罗香树
马蹄花属双矮生植物
马蹄花属单矮生植物
红背桂花
海里康属植物
红鸟蕉
彩叶木
希茉莉
木槿属植物

3 风能技术

据估计，地球上可用来发电的风力资源约有 100 亿千瓦，几乎是现在全世界水力发电量的 10 倍。而目前全世界每年燃烧煤所获得的能量，只有风力在一年内所提供能量的三分之一。因此，风能作为一种新型能源已经受到了全世界的关注。同时，由于风力发电设备的外观比较独特，有时也被用作景观元素，为景观的正常运行提供电力，从而减少景观对不可再生能源的需求。

风力发电机的结构

风力发电是指把风的动能转变成机械动能，再把机械能转化为电力动能的过程。它的原理是利用风力带动风车叶片旋转，再透过增速机将旋转的速度提升，来促使发电机发电。而风力发电机便是将风能转换为机械功的动力机械，又称风车。风力发电机的结构较为复杂，主要可以包括以下几个部分：

机舱

机舱内主要容纳风力发电机的关键设备，包括齿轮箱和发电机。维护人员可以通过风力发电机塔进入机舱。

转子叶片

转子叶片可以捉获风，并将风力传送到转子轴心。在 600 千瓦风力发电机上，每个转子叶片的长度大约为 20 米，常常被设计得很像飞机的螺旋桨。

轴心

转子轴心是附着在风力发电机低速轴上的装置。

低速轴

风力发电机的转子轴心与齿轮箱通过低速轴连接在一起。在 600 千瓦风力发电机上，转子转速相当慢，大约为每分钟 19 至 30 转。低速轴内部有用于液压系统的导管，用来激发空气动力闸的运行。

高速轴及机械闸

高速轴以每分钟 1500 转的速度运转，并驱动发电机。高速轴上安装着紧急机械闸，当空气动力闸失效或维修风力发电机时将会发挥作用。

齿轮箱

齿轮箱可以将高速轴的转速提高至低速轴的 50 倍。

发电机

发电机通常被称为感应电机或异步发电机。在现代较为常用的风力发电机中，最大电力输出通常为 500 至 1500 千瓦。

偏航装置

偏航装置借助电动机转动机舱，从而使转子正对着风。偏航装置由电子控制器操作，电子控制器可以通过风向标来感觉风向。通常，在风向发生改变时，风力发电机一次只会偏转几度。

电子控制器

电子控制器包含一台不断监控风力发电机状态的计算机，并控制偏航装置。为防止故障发生（如齿轮箱或发电机过热），该控制器可以自动停止风力发电机的转动，并通过电话调制解调器来呼叫风力发电机的操作人员。

液压系统

液压系统主要用于重置风力发电机的空气动力闸。

冷却元件

冷却元件中包含一个风扇和一个油冷却元件，前者主要用于冷却发电机，后者则用于冷却齿轮箱内的油。

塔

风力发电机塔载有机舱和转子。一般来说，高塔具有优势，因为离地面越高，风速越大。现代 600 千瓦风汽轮机的塔高为 40 至 60 米。它可以为管状的塔，也可以是格子状的塔。管状的塔对于工作人员更为安全，因为他们可以通过内部的梯子到达塔顶。格状的塔的优点在于成本相对低廉。

风速计及风向标

风速计和风向标是用于测量风速及风向的装置。

风力发电机的类型

笼型异步发电机

笼型异步发电机（如图 6）是风力发电中最为传统的发电机。它的电机转子整体强度、刚度都比较高，不怕飞逸，比较适合风力发电这种特殊场合。但笼型异步发电机的效率比较低，无法有效地利用风能。

绕线式异步发电机

绕线式异步发电机由电机转子外接可变电阻组成，能实现有限变速运行，提高输出功率，同时采用变桨距调节和转子电流控制，可以提高动态性能，维持输出功率稳定，减小阵风对电网的扰动（如图 7）。

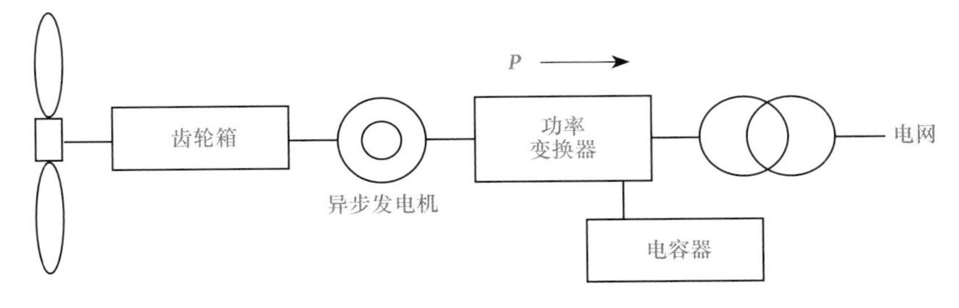

图 6 笼型异步发电机系统的结构图

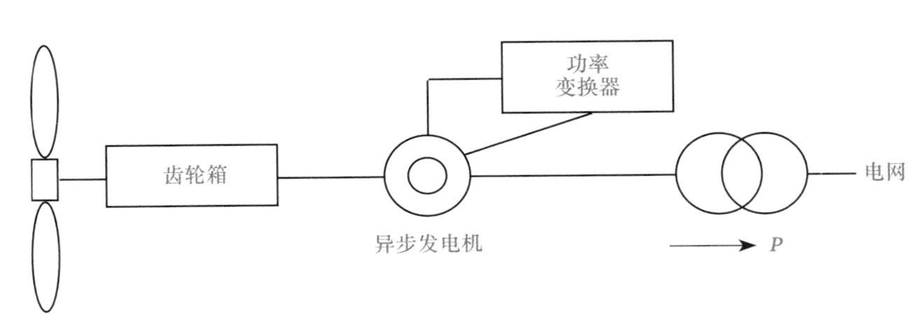

图 7 绕线式异步发电机系统的结构图

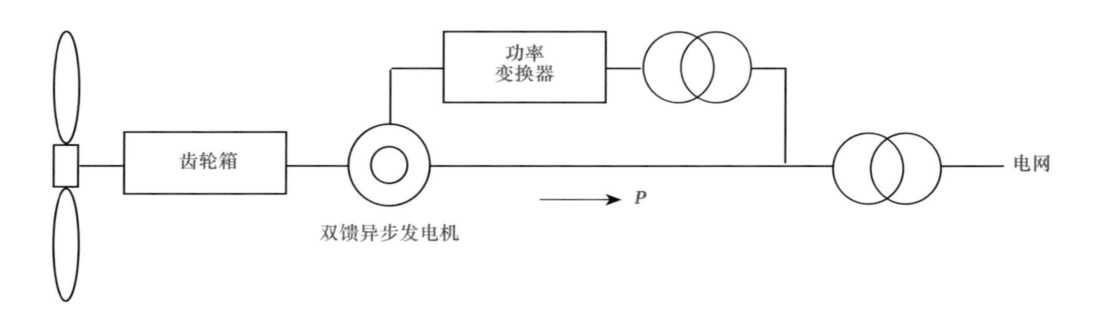

图 8 双馈异步发电机系统的结构图

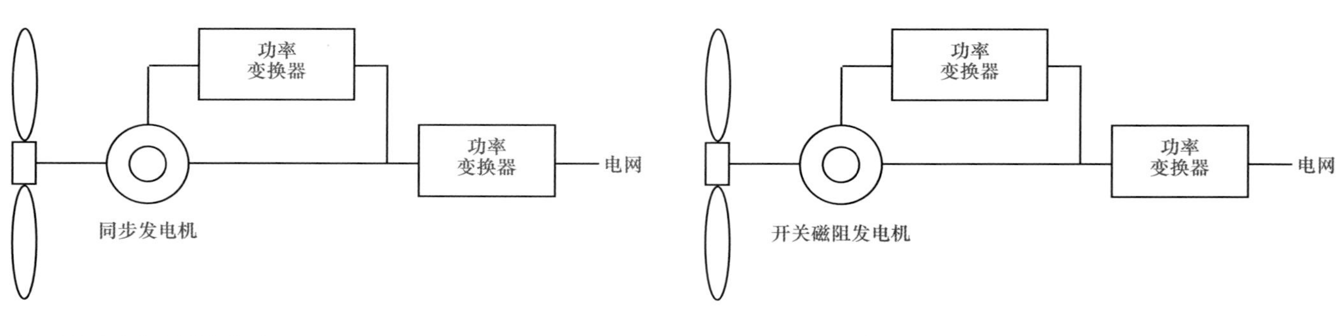

图 9 同步发电机系统的结构图

图 10 开关磁阻发电机系统的结构图

有刷双馈异步发电机

双馈异步发电机通过控制转差频率可实现发电机的双馈调速，被广泛应用于风力发电系统中（如图 8）。但这类发电机是有刷结构，运行可靠性较差，需要经常维护，同时也不适合在比较恶劣的环境中运行。

无刷双馈异步发电机

无刷双馈异步发电机的基本原理与有刷双馈异步发电机相同，主要区别是取消了电刷，从而弥补了标准型双馈电机的不足。无刷双馈异步发电机兼有笼型异步发电机和绕线式异步电机的共同优点，功率因数和运行速度可以调节，适合于变速恒频风力发电系统。

同步发电机

同步发电机极数很多，转速较低，径向尺寸较大，轴向尺寸较小，当与电子功率变换器相连时可以实现变速操作，因此适用于风力发电系统（如图 9）。同时，这种风力发电机还具有噪声低、电网电压闪变小及功率因数高等优点。

开关磁阻发电机

开关磁阻发电机具有结构简单、能量密度高、过载能力强、动静态性能好、可靠性和效率高的特点（如图 10）。当开关磁阻电机运行在风力发电系统中时，起动转矩大、低速性能好，常被用于功率小于 30 千瓦的小型风力发电系统中。

永磁无刷直流发电机

永磁无刷直流发电机采用二极管来取代电刷装置，不但具有直流发电机电压波形平稳的优点，也具有永磁同步发电机寿命长、效率高的优点，适合应用于在小型风力发电系统中。

永磁同步发电机

永磁同步发电机无需换向装置，因此具有效率高、寿命长等优点。与等功率一般发电机相比，永磁同步发电机在尺寸及重量上仅是它们的 1/3 或 1/5。由于此种发电机极对数较多，且操作上同时具有同步电机和永磁电机的特点，因此适合于采用发电机与风轮直接相连、无传动机构的并网形式。

全永磁悬浮风力发电机

全永磁悬浮风力发电机结构上完全由永磁体构成，并且不带任何控制系统，同时将磁悬浮轴承、旋转轴、风机定子绕组、永磁转子、迎风舵等零部件进行优化设计，完成了集成创新。与传统风力发电机相比，全永磁悬浮风力发电机真正做到了“轻风起动，微风发电”，可开发出世界各地区的低风速资源，增加年发电时间。

风力发电系统的智能控制

模糊控制

模糊控制是一种典型的智能控制方法，其最大特点是将专家的经验和知识表示为语言规则用于控制。它不依赖于被控对象的精确数学模型，能克服非线性因素影响，对被调节对象的参数具有较强的鲁棒性。由于风力发电系统是一个随机性的非线性系统，因此模糊控制非常适合于风力机的控制。模糊控制在发电机转速跟踪、最大风能捕获、发电机最大功率获取以及风力发电系统鲁棒性等方面取得了较好的控制效果。

简化的模糊逻辑控制器包括四个部分：输入接口、判定规则矩阵、推理引擎、输出接口。

模糊逻辑控制策略可分为以下几个步骤来实现：

· 输入控制变量（文字控制变量）；
· 通过适当的模糊从属函数将文字控制变量模糊化；
· 通过基于规则的判断矩阵决定控制策略（试探规则）；
· 通过设置模糊的集合形式将输出的控制变量非模糊化；
· 反馈输出信号，通过适当的调节器来控制风力发电机组运行。

神经网络控制

人工神经网络具有可任意逼近任何非线性模型的非线性映射能力，由于其自学习和自收敛性，非常适合作为自适应控制器。在风力发电系统中，神经网络可以应用在根据以往观察风速数据来预测风速变化等方面。基于数据的机器学习是现代智能技术中的重要方面，研究从观测数据出发寻找规律，利用这些规律对未来数据或无法观测的数据进行预测，来对工业过程进行有效控制。

科珀斯克里斯蒂北部海湾公园

1919 年，在遭受 4 级飓风的毁灭性袭击后，科珀斯克里斯蒂市的市中心地区损毁严重。除了对市中心地区进行重建之外，市政部门决定在科珀斯克里斯蒂海湾新建一条防波堤，以应对今后可能出现的自然灾难，保障市民的安全。市政部门还为科珀斯克里斯蒂市修设了一条滨海大道——一条供机动车辆走行的宽敞的林荫大道。行人也可以在滨海大道上事先预留出的有限空间内行走，躲避德克萨斯州南部炙热的阳光。在滨海大道的衬托下，科珀斯克里斯蒂海湾的轮廓格外分明。

为了收回海湾周边的土地并修建北部海湾公园，市政部门不仅对车道进行了重新布置、缩减了两个车道的宽度，还移除了滨海大道上 24.4 米宽的中央分隔带。减速带、路缘扩展和减宽车道的设置有效地减少了交通流量，改善了行人的出行环境。人们可以在北部海湾公园内庆祝盛大的节日，举办重大的活动。节日、活动期间，为了给演出活动、商贩售卖和行人活动腾出空间，滨海大道禁止机动车辆通行。

互动式喷泉是北部海湾公园的一大亮点，吸引了众多孩子和家长到公园休闲放松。互动式喷泉的不远处开设有一家咖啡厅，家长们可以坐在咖啡厅中，透过咖啡厅的挡风玻璃看着孩子们在喷泉旁嬉戏打闹。咖啡厅修设在布质的棚子之下、棕榈树丛和牧豆树丛之间的荫蔽区域。北部海湾公园内还设有一座凉亭，攀缘凉亭生长的叶子花属植物为在通往互动式喷泉步道上行走的人们遮挡阳光。未来这里还将增设餐馆等活动点，以增加公园的人流和气氛。

北部海湾公园内还设有 10.7 米高的风动涡轮机。涡轮机利用风能制造能量，并将能量输送回输电网。涡轮的形状不同、颜色各异，它们设计灵感来源于海螺壳，以动态的艺术将这座城市的特点呈现在人们面前。涡轮机不仅是公园的标志性地标，还可为公园提供可再生能源，并将这座城市风能利用的文化和历史展现出来。

北部海湾公园修建在新建防波堤后的筑堤土方上。项目场地内的雨水直接流入线性雨水花园，而雨水花园内生长的原生滨海草甸植被可以过滤雨水中的污染物，净化后的雨水会渗透至地下。原生滨海草甸的科学利用向游客展示着海湾生态环境的合理开发与保护。

项目地点 |
美国，德克萨斯州，科珀斯克里斯蒂市
建成时间 |
2010
占地面积 |
1 公顷
景观设计 |
Sasaki 联合设计公司
摄影 |
埃迪·西尔，哈斯安德森建筑公司
(Haas-Anderson Construction)

可持续特征：

- 推动城市用地再利用的发展
- 为大众提供休憩场所
- 使用可替代电能
- 使用创新性雨洪管理系统
- 推动集水区的健康发展
- 减少景观需水量
- 栽植原生植物

1. 科珀斯克里斯蒂北部海湾公园内设有 10.7 米高的风动涡轮机，可以满足公园的能源需求。涡轮的形状不同、颜色各异，它们设计灵感来源于海螺壳，以动态的艺术将这座城市的特点呈现在人们面前
2. 滨海草甸会让人们想起海边的风景，并可供海湾原生景观生态学环境教学使用
3. 人们可以在北部海湾公园内庆祝盛大的节日，举办演出、展览会和重大活动
4. 互动式喷泉是北部海湾公园的一大亮点，吸引了众多孩子和家长到公园休闲放松
5. 为了收回海湾周边的土地并修建北部海湾公园，市政部门不仅对车道进行了重新布置、缩减了两个车道的宽度，还移除了滨海大道上 24.4 米宽的中央分隔带

1 | 2

① 四个涡轮机的年发电量为 4730 千瓦，价值约为 473 美元
② 在风速为 19.3 千米 / 小时的情况下，Gale-5 垂直轴涡轮机每小时的发电量为 130 瓦，年发电量为 1138.8 千瓦
③ 盛行风
④ 公园场地
⑤ 年风向玫瑰图
⑥ 年平均风速：19.3 千米 / 小时

功能规划图 1

1. 沿海岸线修设的人行道不仅可以为人们提供海边漫步的机会，还可以突出沿滨海大道修设的现有建筑
2. 北部海湾公园只是 Sasaki 联合设计公司将要修建的众多公园中的一座

功能规划 2

万科建筑研究中心的低维护生态园区

万科建筑研究中心位于中国东莞，其研究重点在于住宅产业化的研究。它将成为专业建筑材料、低能耗方法以及生态景观研究相关方面的研究基地。生态景观研究的方面将重点研发生态环保材料，例如如何将预制混凝土模块应用到未来的地产项目中、探索不同类型的透水材料、植物的选择和配植等。为了实现低维护景观遍布整个园区的目标，该项目需要解决两个主要问题：雨洪管理问题和低维护建筑与植物材料的使用问题。

为了对雨水径流进行控制，设计团队将两小块三角形的场地设计成"波纹花园"。与低矮的灌木和草坪相比，乔木可以延长雨水落地的时间，因而是雨洪管理中最有效的元素。由于坡地草坪会使雨水迅速流走，因此设计团队采用了波浪形的草坪，不仅从形式上提供了不一样的空间感受，在功能上也增加了雨水下渗的时间。草坪的坡度及波浪的坡度可以调整，从而实现最佳的渗透效果，不会引起积水或是流速过快的情况。半环形的波浪之间使用了不同的渗水材料（树皮、陶粒、碎石、细沙等）。波浪的边界采用了溢水设计，可供观察和比较不同材料的溢水量大小。

雨洪管理方面，"风车花园"内 32 米高的风车可以提供动力，将先前收集到的雨水泵送至建筑屋顶上，通过屋顶的雨水花园进行曝氧处理，直至水回落到地面的水池内，实现初步净化的目的；随后，水将从地面上的植物净化系列水池流过。得到再次净化的水将从检测阀流过，达到净化标准的水可以进入一个用于儿童嬉戏活动的镜面水池；未达到标准的水，将会重新回到水循环系统，进行再次净化。

低维护建筑与植物材料的使用方面，预制混凝土 (precast concrete) 技术在欧美国家已非常成熟,并已得到广泛应用。从外观上来看,预制混凝土模块的尺寸、颜色、质感，与花岗岩相差无几。同时在降低能量消耗方面有着显著效果。

首先，用预制混凝土替代花岗岩可以避免大面积的矿石开采。其次，在中国，由于施工技术相对落后，所有硬质景观铺装几乎都需要采用混凝土垫层。因此，只要采用硬质铺装，无论是用于车行还是人行，都无法实现雨水渗透。而预制混凝土的厚度很大，可以省去混凝土的垫层，从而加强了雨水向地面的渗透。同时，还可以对预制混凝土进行异形加工，使嵌草铺装成为可能。停车场、消防车道这些规范所要求的大面积硬质铺装，其视觉效果和生态意义均可得到提升。除此之外，设计团队还设计了多种不同的预制混凝土户外架构，比如坐凳、自行车架等。设计团队利用模板设计出形式多样且具有更强耐用性的户外架构，这种铺装材料可在中国未来的居住区中广泛使用。

项目地点 |
中国，东莞

建成时间 |
2012

占地面积 |
2.95 公顷

景观设计 |
张唐景观 (Z+T Studio)

委托方 |
万科建筑研究中心 (VARC)

摄影 |
张海

1|2|4
3

1. 预制混凝土台阶
2. 波纹花园 I 的一角
3. 波纹花园 I 的通道
4. 波纹花园 II

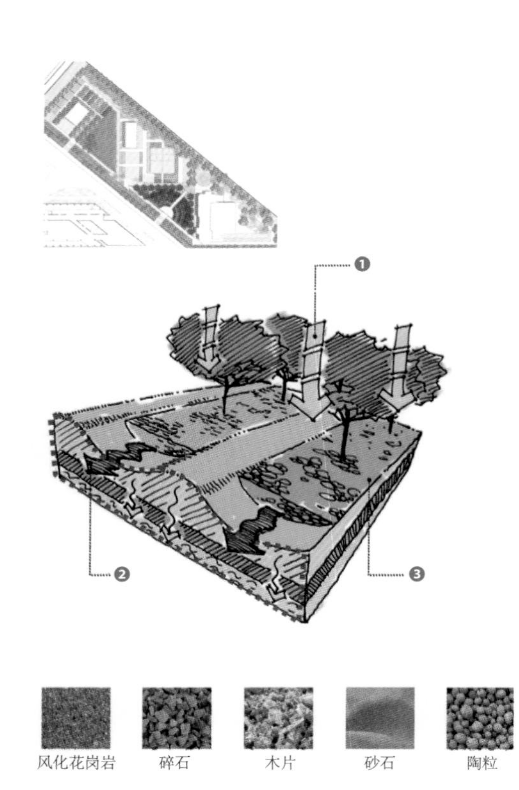

风化花岗岩　碎石　木片　砂石　陶粒

波纹花园 I 横截面图

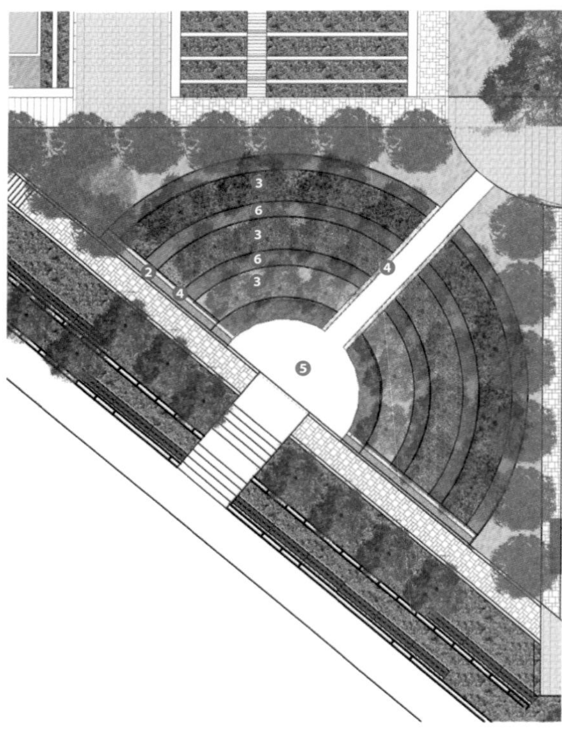

① 雨水
② 溢流
③ 可渗透材料
④ 挡墙
⑤ 观赏平台
⑥ 波纹地形

波纹花园 I 平面图

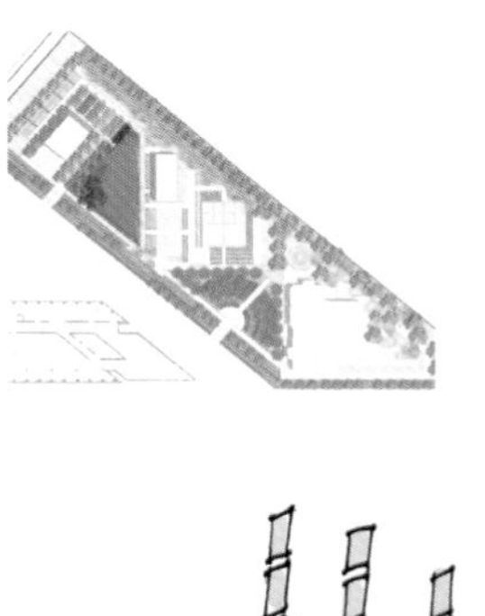

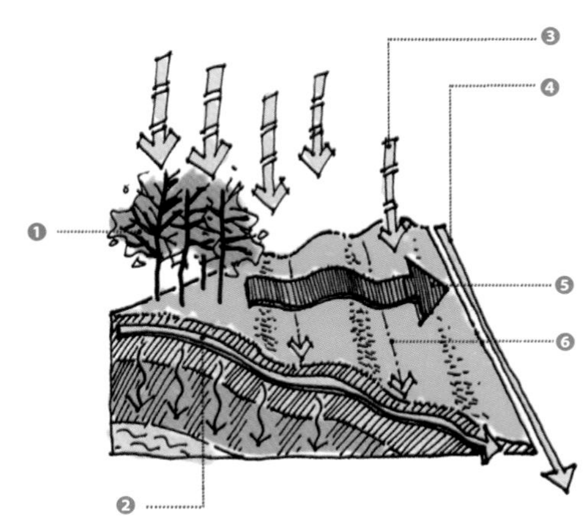

波纹花园 ‖ 横截面图

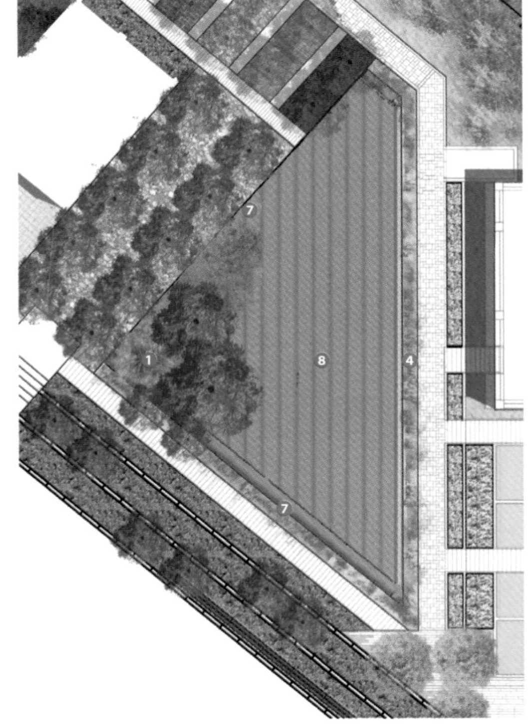

波纹花园 ‖ 平面图

① 大树
② 雨水下渗最大化
③ 雨水
④ 生态草沟
⑤ 0% 坡
⑥ 2% 坡
⑦ 挡墙
⑧ 波纹地形

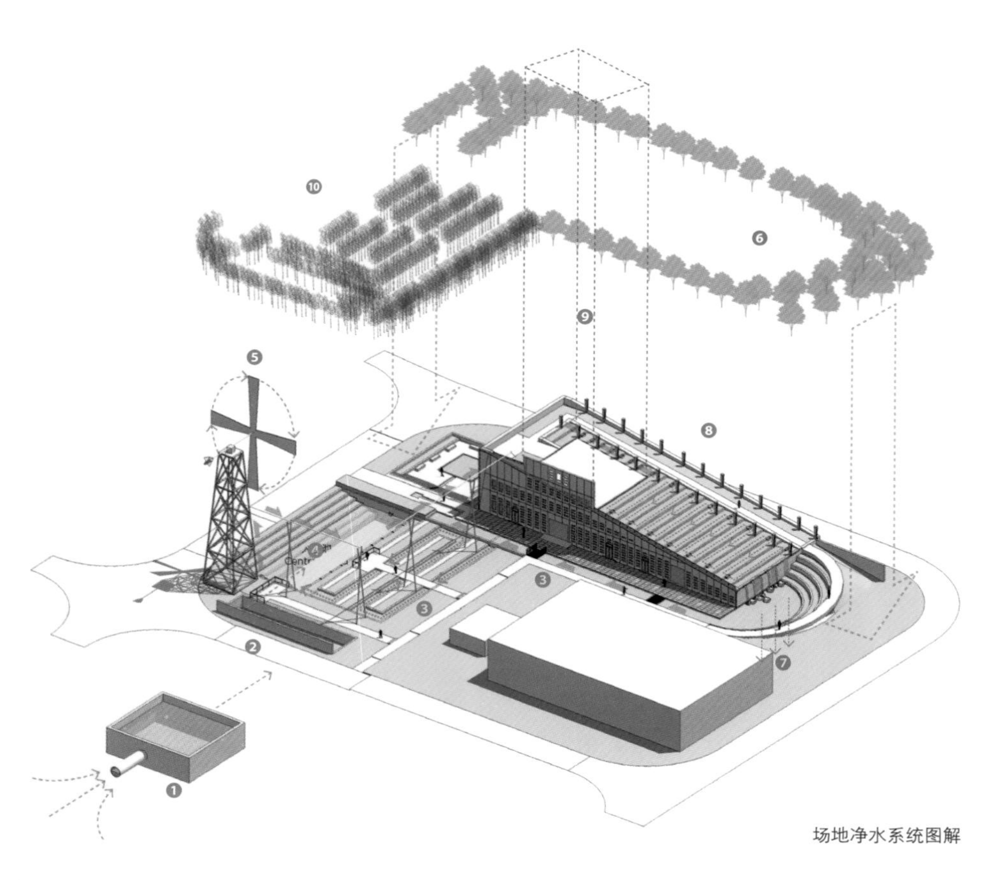

① 雨洪收集
② 沉降池净化
③ 植物根系净化
④ 中央水池
⑤ 风车
⑥ 大树
⑦ 蓄水池净化
⑧ 跌水加氧
⑨ 试验塔
⑩ 竹类

场地净水系统图解

1 | 2
  | 3 | 4

1. 远处的雨水花园和风车
2. 特别设计的预制混凝土铺面
3. 雨水花园
4. 预制混凝土自行车停车架

1|3
2|4

1. 风车花园鸟瞰图
2. 屋顶上的阶式渗透湿地示意图
3. 风车花园内苍翠的植物
4. 野草和预制铺面很好地融合在一起

4 太阳能光伏发电技术

光伏发电系统是利用半导体界面的光生伏特效应而将光能直接转变为电能的一种技术。这种技术的关键元件是太阳能电池。太阳能电池经过串联后进行封装保护可形成大面积的太阳电池组件，再配合上功率控制器等部件就形成了光伏发电系统装置。光伏发电系统的优点是较少受地域限制，同时还具有安全可靠、无噪声、低污染、无需消耗燃料的优点。

太阳能光伏发电系统的组成

太阳能光伏发电系统由太阳能电池组、太阳能控制器、蓄电池（组）组成。

太阳能电池板

太阳能电池板是太阳能发电系统中的核心部分，也是太阳能发电系统中价值最高的部分。其作用是将太阳能转化为电能，或送往蓄电池中存储起来，或推动负载工作。太阳能电池板的质量和成本将直接决定整个系统的质量和成本。

太阳能控制器

太阳能控制器的作用是控制整个系统的工作状态，并对蓄电池起到过充电保护、过放电保护的作用。在温差较大的地方，合格的控制器还应具备温度补偿的功能。其他附加功能如光控开关、时控开关都应当是控制器的可选项。

蓄电池

一般为铅酸电池，一般有 12V 和 24V 这两种，小微型系统中，也可用镍氢电池、镍镉电池或锂电池。其作用是在有光照时将太阳能电池板所发出的电能储存起来，到需要的时候再释放出来。

逆变器

在很多场合，都需要提供 AC220V、AC110V 的交流电源。由于太阳能的直接输出一般都是 DC12V、DC24V、DC48V。为能向 AC220V 的电器提供电能，需要将太阳能发电系统所发出的直流电能转换成交流电能，因此需要使用 DC-AC 逆变器。在某些场合，需要使用多种电压的负载时，也要用到 DC-DC 逆变器，如将 24VDC 的电能转换成 5VDC 的电能（注意，不是简单地降压）。

太阳能光伏发电系统的分类

根据不同场合的需要，太阳能光伏发电系统一般分为独立供电的光伏发电系统、并网光伏发电系统、混合型光伏发电系统三种。

独立供电的光伏发电系统

独立供电的太阳能光伏发电系统如图 11 所示。

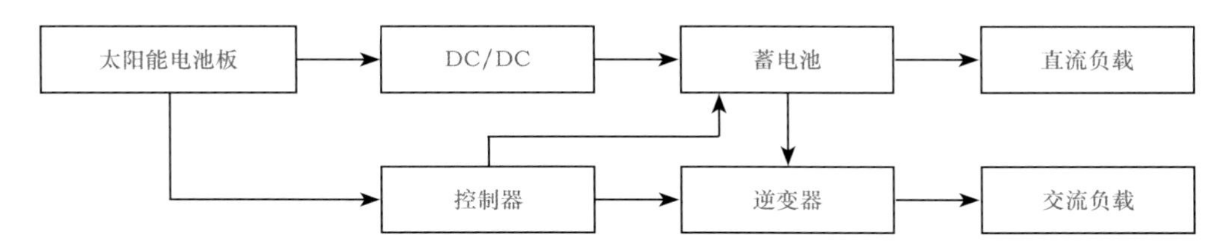

图 11　独立运行的太阳光伏发电系统结构框图

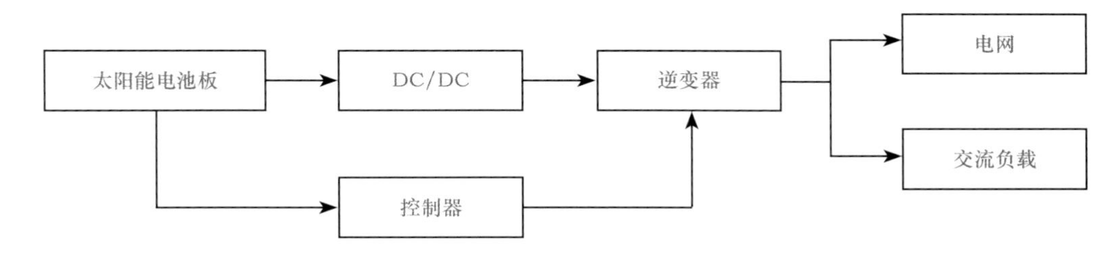

图 12　并网光伏发电系统结构框图

整个独立供电的光伏发电系统由太阳能电池板、蓄电池、控制器、逆变器组成。太阳能电池板作为系统中的核心部分，其作用是将太阳能直接转换为直流形式的电能，一般只在白天有太阳光照的情况下才输出能量。根据负载的需要，系统一般选用铅酸蓄电池作为储能环节，当发电量大于负载时，太阳能电池通过充电器对蓄电池充电；当发电量不足时，太阳能电池和蓄电池同时对负载供电。控制器一般由充电电路、放电电路和最大功率点跟踪控制组成。逆变器的作用是将直流电转换为与交流负载同相的交流电。

并网光伏发电系统

并网光伏发电系统如图 12 所示，光伏发电系统直接与电网连接，其中逆变器起很重要的作用，要求具有与电网连接的功能。目前常用的并网光伏发电系统具有两种结构形式，其不同之处在于是否带有蓄电池作为储能环节。带有蓄电池环节的并网光伏发电系统称为可调度式并网光伏发电系统，由于此系统中逆变器配有主开关和重要负载开关，使得系统具有不间断电源的作用，这对于一些重要负荷甚至某些家庭用户来说具有重要意义。此外，该系统还可以充当功率调节器的作用，稳定电网电压、抵消有害的高次谐波分量从而提高电能质量。不带有蓄电池环节的并网光伏发电系统称为不可调度式并网光伏发电系统，在此系统中，并网逆变器将太阳能电池板产生的直流电能转化为和电网电压同频、同相的交流电能，当主电网断电时，系统自动停止向电网供电。当有日照照射、光伏系统所产生的交流电能超过负载所需时，多余的部分将送往电网；夜间当负载所需电能超过光伏系统产生的交流电能时，电网自动向负载补充电能。

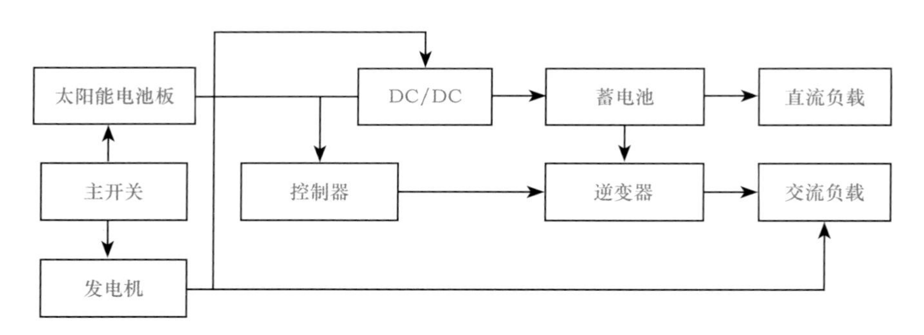

图 13 混合型光伏发电系统结构框图

混合光伏发电系统

图 13 为混合型光伏发电系统，它区别于以上两个系统之处是增加了一台备用发电机组，当光伏阵列发电不足或蓄电池储量不足时，可以启动备用发电机组，它既可以直接给交流负载供电，又可以经整流器后给蓄电池充电，所以称为混合型光伏发电系统。

太阳能光伏系统设计

太阳能光伏发电系统的设计需要考虑如下因素：

问题 1 太阳能发电系统在哪里使用？该地日光辐射情况如何？
问题 2 系统的负载功率多大？
问题 3 系统的输出电压是多少？是直流还是交流？
问题 4 系统每天需要工作多少小时？
问题 5 如遇到没有日光照射的阴雨天气，系统需连续供电多少天？
问题 6 负载的情况，纯电阻性、电容性还是电感性，启动电流多大？
问题 7 系统需求的数量？

太阳能光伏系统总体设计原则

太阳能光伏发电系统的设计分为软件设计和硬件设计，且软件设计先于硬件设计。软件设计主要包括：负载用电量的计算，太阳能电池方阵辐射量的计算，太阳能电池、蓄电池用量的计算以及两者之间相互匹配的优化设计，太阳能电池方阵安装倾角的计算，系统运行情况的预测和系统经济效益的分析等。硬件设计主要包括：负载的选型及必要的设计，太阳能电池和蓄电池的选型，太阳能电池支架的设计，逆变器的选型和设计，以及控制、测量系统的选型和设计。对于大型太阳能光伏发电系统，还有光伏电池方阵场的设计、防雷接地的设计。由于软件设计牵涉到复杂的太阳辐射量、安装倾角以及系统优化的设计计算，一般是由计算机来完成的；在要求不太严格的情况下，也可以采取估算的办法。

太阳能光伏发电系统设计的总原则是，在保证满足负载供电需要的前提下，确定使用最少的太阳能电池组件功率和蓄电池容量,以尽量减少初始投资。系统设计者应当知道，在光伏发电系统设计过程中做出的每个决定都会影响造价。由于不适当的选择，可轻易地使系统的投资成倍地增加，而且未必就能满足使用要求。在决定要建立一个独立的太阳能光伏发电系统之后，可按下述步骤进行设计：计算负载，确定蓄电池容量，确定太阳能电池方阵容量，选择控制器和逆变器，考虑混合发电的问题等。

在进行光伏系统的设计之前，需要了解并获取一些进行计算和选择必需的基本数据：光伏系统现场的地理位置，包括地点、纬度、经度和海拔；该地区的气象资料，包括逐月的太阳能总辐射量、直接辐射量以及散射辐射量；年平均气温和最高、最低气温，最长连续阴雨天数，最大风速以及冰雹、降雪等特殊气象情况等。

太阳能光伏发电系统的容量设计

容量设计的主要目的就是要计算出系统在全年内能够可靠工作所需的太阳电池组件和蓄电池的数量。同时要注意协调系统工作的最大可靠性和系统成本两者之间的关系，在满足系统工作的最大可靠性基础上尽量减少系统成本。

蓄电池设计方法

蓄电池的设计思想是保证在太阳光照连续低于平均值的情况下负载仍能可以正常工作。在进行蓄电池设计时，我们需要引入一个不可缺少的参数：自给天数，即系统在没有任何外来能源的情况下负载仍能正常工作的天数。这个参数让系统设计者能够选择所需使用的蓄电池容量大小。

一般来讲，自给天数的确定与两个因素有关：负载对电源的要求程度；光伏系统安装地点的气象条件，即最大续阴雨天数。通常可以将光伏系统安装地点的最大续阴雨天数作为系统设计中使用的自给天数，但还要综合考虑负载对电源的要求。对于负载对电源要求不是很严格的光伏应用，我们在设计中通常取自给天数为 3~5 天。对于负载要求很严格的光伏系统，我们在设计中通常取自给天数为 7~14 天。所谓负载要求不严格的系统通常是指用户可以稍微调节一下负载要求从而适应恶劣天气带来的不便；而严格系统指的是用电负载比较重要，例如常用于通信、导航或者重要的健康设施，如医院、诊所等。此外还要考虑光伏系统的安装地点，如果在很偏远的地区，必须设计较大的蓄电池容量，因为维护人员要到达现场需要花费很长时间。

西安世界园艺博览会荷兰园

荷兰园是为 2011 年西安世界园艺博览会而设计的，设计团队希望利用微缩景观来展现创新理念。在对该项目进行设计时，OKRA 景观设计师事务所所面临的挑战是如何在三角洲上完成景观造景，设计团队需要研究出一个综合性的解决方案，用以使荷兰园内的景观适应当地的气候变化和海平面升高所带来的影响，同时还需要注意与城市扩张相结合。设计团队对项目场地内的用水管理设施进行保留，这些设施将在场地未来的发展中发挥重要作用。

由 OKRA 景观设计师事务所设计的荷兰园不只是一个控制性的景观空间，它更多地呈现出当今社会中人与自然的关系，注重消耗与生产、动态与静止之间的和谐共存。同时，这座生态花园还体现出这样一种理念，即未来的城市绿地将与可持续用水管理设施建立联系，形成一个健康的生态能源循环。而荷兰园可以制造能量，并唤起公众的节水意识。

除此之外，设计团队还将创新栽培技术应用到该项目的设计中，用以对城市可持续农业的可行性进行说明。植物生产需要将养分循环与水循环和能量循环联系起来。应用于生态花园中的可持续技术与人工系统的使用周期有着密切的联系，由此构建起人与自然之间的和谐关系，为人们提供一种独特的景观体验。

项目地点 |
中国，西安
建成时间 |
2011
占地面积 |
2000 平方米
景观设计 |
OKRA 景观设计师事务所: 马丁·努伊特 (Martin Knuit)，伊娃·拉迪奥诺娃 (Eva Radionova)
Tekton 建筑师事务所: 徐华福 (Bert Tjhie)，蒂斯·施赖 (Thys Schrei)
欧洲—中国经济技术合作基金会(Eusino): 王涛，玛莉丝卡·史蒂文斯 (Mariska Stevens)
Archipelontwerpers 建筑事务所: 埃里克·维里登伯格 (Eric Vreedenburgh)，吉多·泽克 (Guido Zeck)
委托方 |
2011 西安世界园艺博览会
摄影 |
OKRA 景观设计师事务所

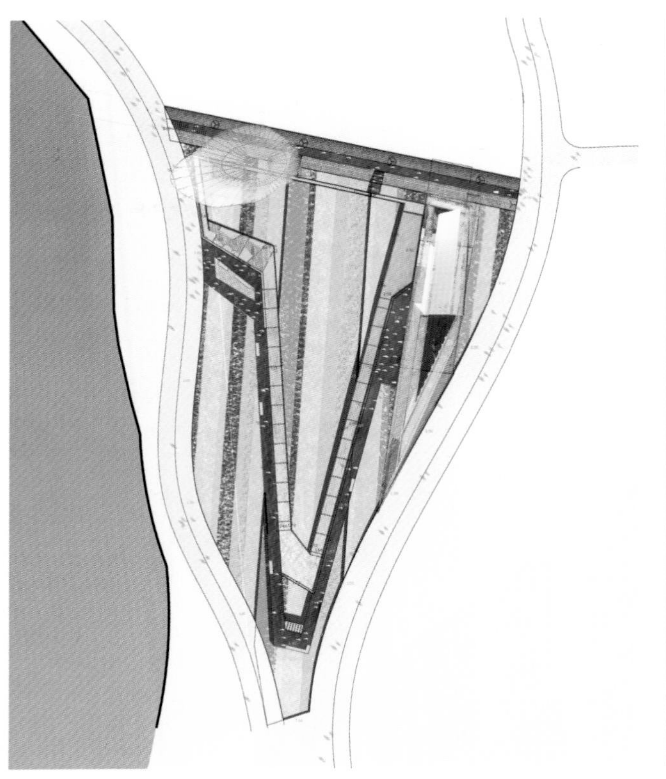

场地规划图

展馆 - 植物

1. 景观通道平台的景象
2. 展馆道路周围的环境和水道

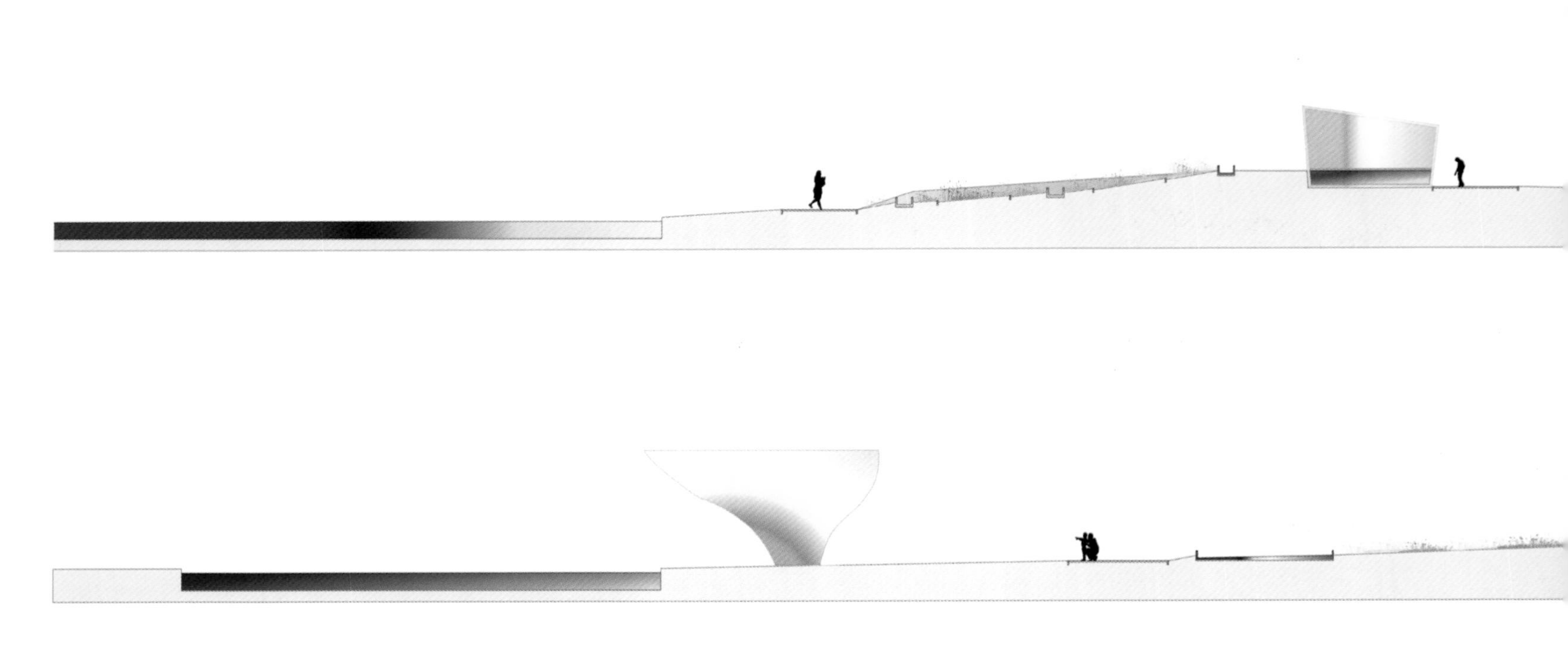

荷兰园横截面图

1
2

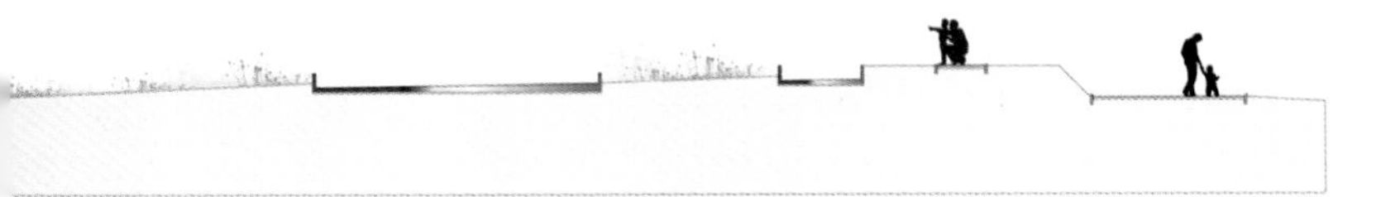

1 2/3 4

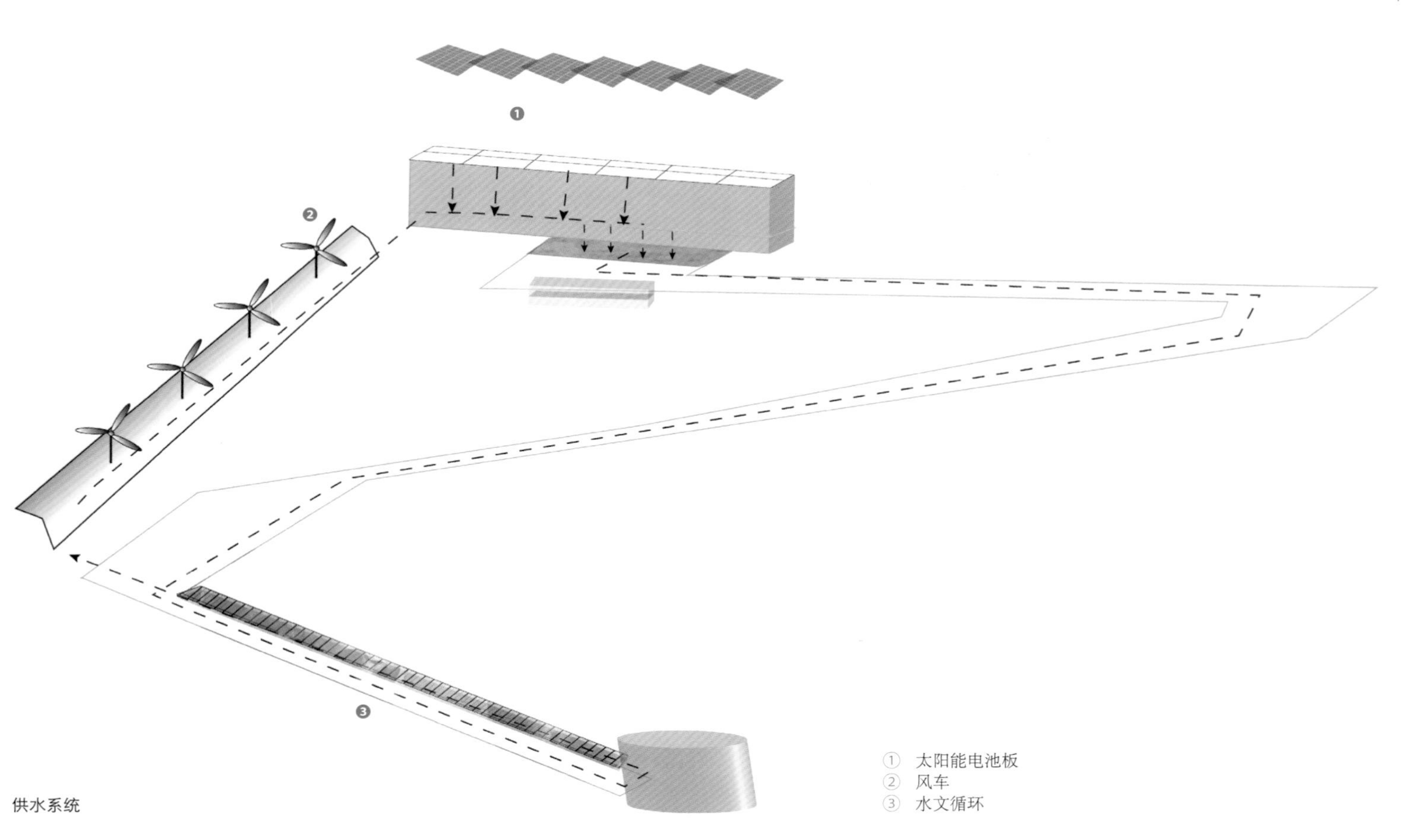

供水系统

水循环效果图

1. 荷兰圩田景观和五彩缤纷的鳞茎花卉
2. 从高处流向低处的水流
3. 高处的水道
4. 展馆楼梯

1. 与建筑体验相协调的景观
2. 荷兰园全景图
3. 水文循环和花园角落里的景象
4. 花园内漂亮的花朵

1 4
2 3

横截面图

卡瓦列雷公园

耗费近 25 年的时间打造的卡瓦列雷公园不仅是社会群体广泛输入的产物，也是一项重大挑战——实现了社区公园与北斯科茨代尔崎岖沙漠地带内雨水滞留设施的相互融合。由此产生的项目为斯科茨代尔市一座真正意义上的可持续社区公园的设计与建设制定了新的标准。

保留开放空间、尊重原有街区、打造一个可持续发展的示范项目是卡瓦列雷公园设计的主要指导原则。近三分之二的公园面积被作为永久性自然开放空间保留下来。公园各处均采用高效能 LED 照明设施，24800 千瓦 / 时的太阳能光伏系统可以 100% 满足公园的能源需求，使这里成为一片零能耗区。原生景观与雨水收集系统相结合，可以使景观在没有补充性灌溉的情况下茂盛生长。

该项目使用了 100% 的原生植物。许多原有的漂亮豆科灌木由于植株过大而无法得到利用，设计团队将这些灌木融入到停车场和遮阳结构的布置中。其他树木和仙人掌则被用来修复索诺兰沙漠高地的重要区域和滨水植物群落。停车场、车道和道路是由稳固的风化花岗岩铺筑而成的，并对场地可利用材料进行充分利用，大幅减少排水径流和城市热岛效应，同时保留天然沙漠的特质。

与人为环境结合和兼容：钢铁、混凝土和碎石充填石笼是一种适用于项目场地的可持续材料。所有场地元素均为定制设计并利用天然钢材或混凝土在当地制造而成。天然钢屋面板、结构组件、花槽、桥梁和其他场地元素均是用钢含量高的回收钢材制造的，并沿用了铺砌面和石笼结构的沙漠颜色与纹理构造。严格使用未经加工的天然材料替代现场使用 VOC 材料，这将大幅减少未来的维护和环境成本。篮球场上的线条等细节是喷砂工艺打造而成，而不是用油漆刷涂而成，用以实现该项目的可持续发展目标。

大片开阔的野花地 / 游乐场被设计成一个高架基座，这个基座即便是在贮水池内注满雨水时也可以使用。另一个游乐区设在一处斜坡上，并对用 100% 可再生塑料制成的人造草皮系统进行利用。

1

项目地点 |
美国，亚利桑那州，斯科茨代尔市
建成时间 |
2012
占地面积 |
13.76 公顷
景观设计 |
Floor Associates 景观设计公司
委托方 |
斯科茨代尔市
摄影 |
比尔·蒂默曼 (Bill Timmerman)，克里斯·布朗 (Chris Brown)

为了满足街区居民的要求，设计团队将有灯光照射的体育场修设在现有地形的一侧以降低体育场的高度，从而减少它们对现有房屋可见性的影响。中央遮篷和卫生间的外形和设计主要取决于项目场地的自然地理情况，屋顶形状密切地反映出邻近山坡的坡度，卫生间的墙面将同样的石笼结构用作场地内的挡土墙使用。除了营造树荫之外，树冠遮篷顶部也可作为大型雨水收集区使用，将水流引入中央集水池，然后分配给各处的原生景观。

卡瓦列雷公园的建成为可持续措施制定了新的标准，这项标准展示了如何在环境敏感的沙漠环境中设计和建造一座充满生机的社区公园。这座公园得以充分使用，并获得了居民和游客的高度认可，为社区生活质量的提高做出了重大的贡献。

1. 20 英尺高的钢制“聚焦墙”被小心地放置着，用以在凉亭入口处设置引人注目的雕塑元素，三扇窗户汇聚一处，好似为远处的花岗岩高峰镶了画框
2. 景观设计成功地模糊了建造环境和自然环境之间的界限，用以创造一种漂亮的现代表现形式，在索诺兰沙漠中半隐半现

1 | 2

① 人造草坪
② 野花基座
③ 隐蔽的游乐场
④ 卫生间
⑤ 篮球场
⑥ 徒步小径
⑦ 停车场
⑧ 日出平台
⑨ 石笼“窗墙”
⑩ 钢制聚焦墙
⑪ 景观庇护所

设计团队与相邻社区的居民、水文学家和城市团队展开密切合作，使公园和近 61670 立方米的雨水滞留池与崎岖的沙漠融为一体

1. 灯光与阴影的相互作用使结构和景观的聚合线更加突出
2. 自然风化的钢制挡土墙被用来保护原有的豆科灌木丛，打造一座美观的“停车场花园”

1|2

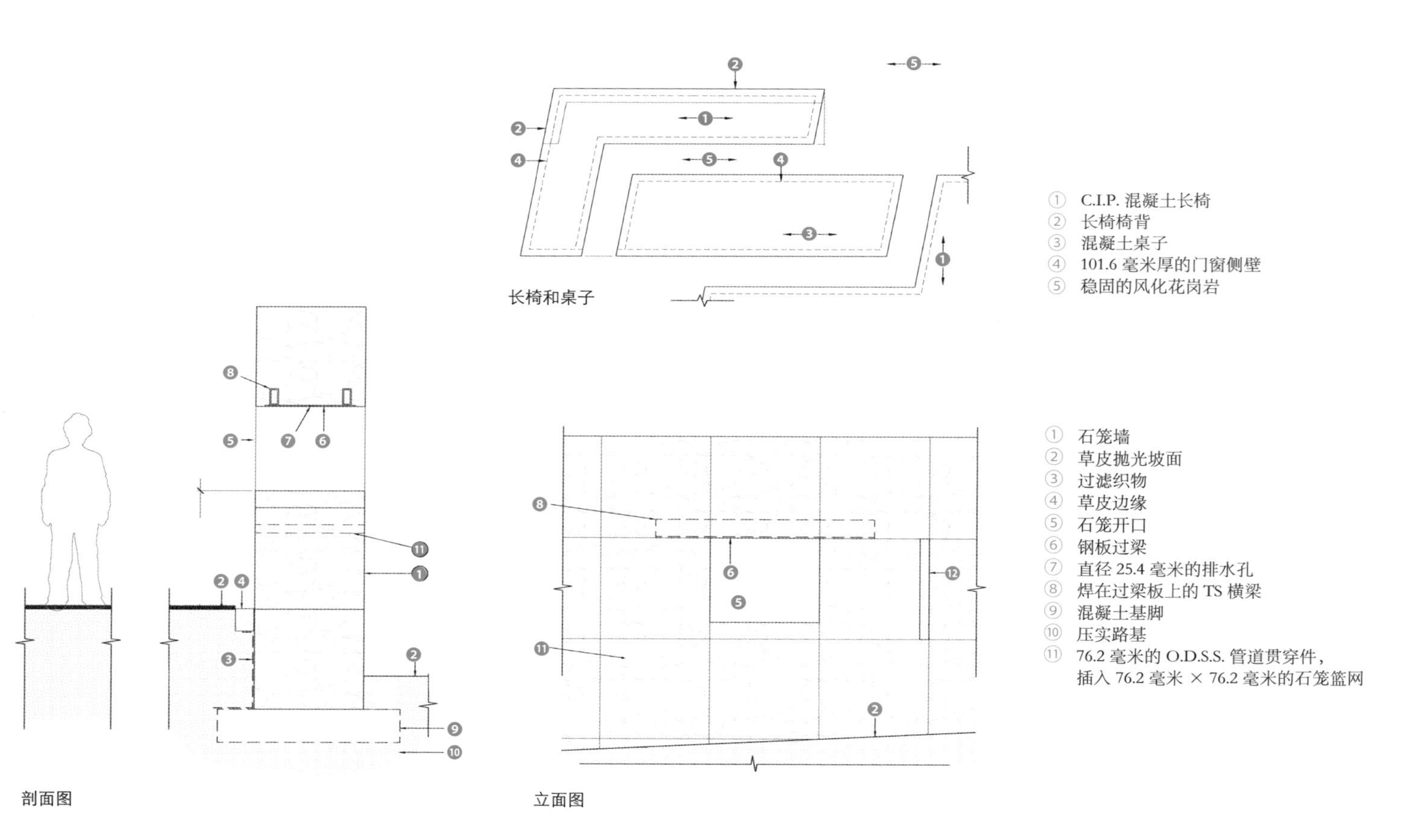

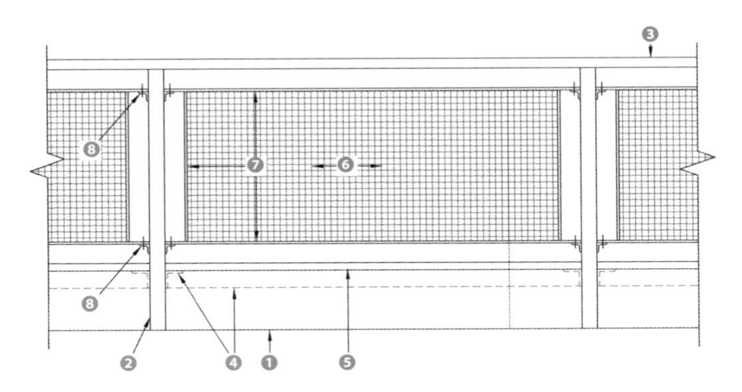

桥梁标准立面图

① 管钢梁木
② 焊在横梁上的管钢栏杆
③ 焊在栏杆上的槽钢扶手
④ 焊在横梁上用来支撑横梁后方格栅的角钢
⑤ 钢筋格栅
⑥ 焊在框架上的 50.8 毫米 × 50.8 毫米的焊接网 GA.156.
⑦ 焊接网板钢筋框
⑧ 焊在栏杆上的角钢

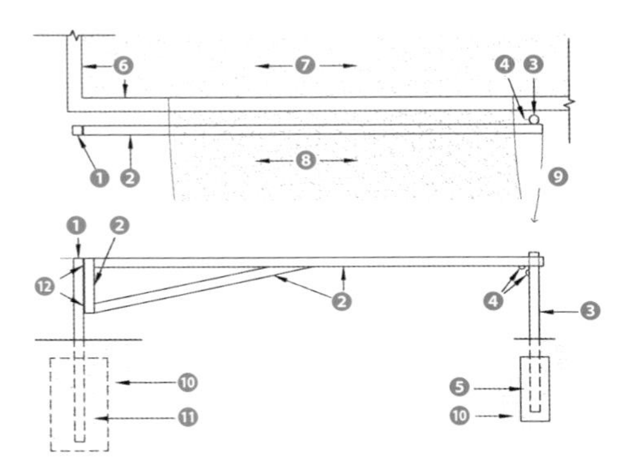

车辆平开门

① 101.6 毫米 × 101.6 毫米管钢柱，天然表面层色
② 50.8 毫米 × 50.8 毫米管钢，天然表面层色
③ 位于开关处的天然表面层色钢管门挡
④ 直径 76.2 毫米、厚 12.7 毫米的钢圈，经过切割后焊接在门和门挡上
⑤ 直径 304.8 毫米的 C.I.P. 混凝土基脚
⑥ 混凝土路缘
⑦ 消防站沥青停车场
⑧ 维护通道
⑨ 景观区
⑩ 压实路基
⑪ 直径 609.6 毫米的 C.I.P. 混凝土基脚
⑫ 不锈钢合页

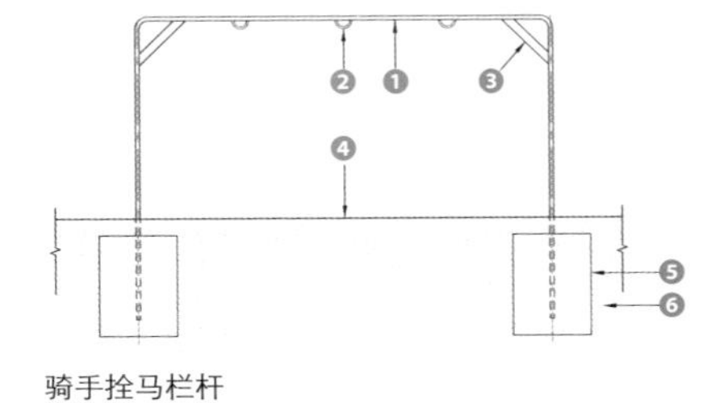

骑手拴马栏杆

① 11″ 钢筋
② 直径 76.2 毫米的厚钢圈，经过切割后焊接在钢筋上
③ 焊在钢筋上的 50.8 毫米 × 9.5 毫米的扁钢条
④ 压实土壤，压实至 152.4 毫米最小厚度的 90%
⑤ 直径 457.2 毫米的 C.I.P. 混凝土基脚
⑥ 压实路基

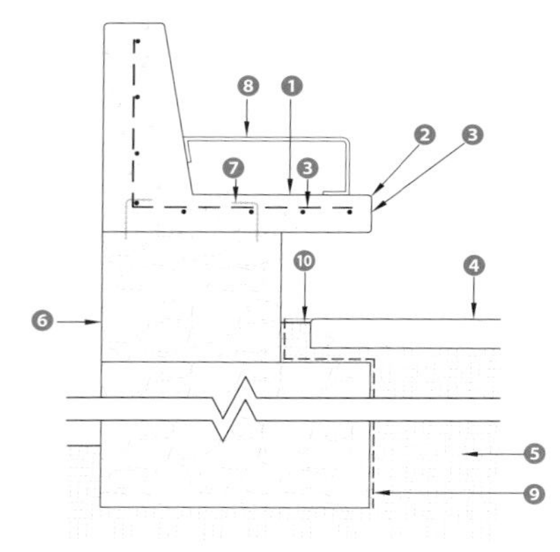

石笼后面的预制混凝土座椅

① 预制混凝土座椅，光面精整
② 边缘处 12.7 毫米的凹槽
③ 加固参考 101/S-301
④ 混凝土铺面的抛光坡面
⑤ 95% 的压实路基
⑥ 石笼挡土墙
⑦ 固定、焊在石笼篮上，参考 101 / S-301
⑧ 76.2 毫米 × 9.5 毫米的扁钢条扶手
⑨ 过滤织物
⑩ 稳固的风化花岗岩

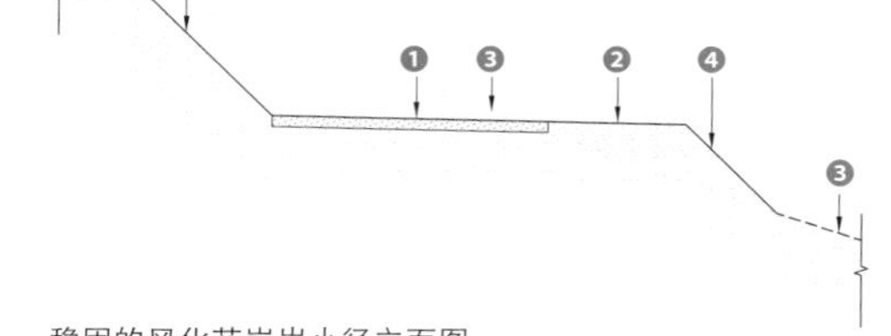

稳固的风化花岗岩小径立面图

① 稳固的风化花岗岩小径
② 压实土壤骑手小径
③ 原有的山地斜坡
④ 均夷的山地斜坡

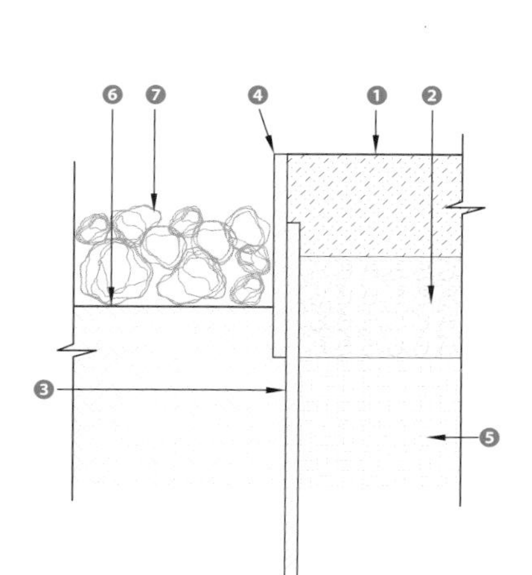

风化花岗岩边缘

① 风化花岗岩
② 压实骨料基层道路，厚度参考 H-401
③ 直径 12.7 毫米的钢拉杆
④ 9.5 毫米厚的低碳钢板，天然表面层色
⑤ 压实路基
⑥ 景观区抛光坡面
⑦ 荒芜的鹅卵石堆石护坡

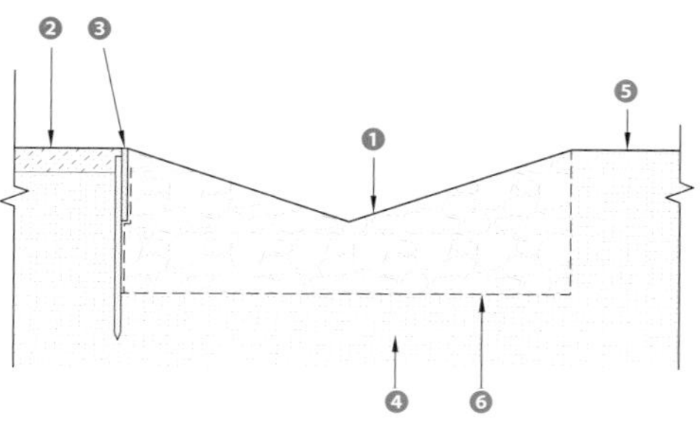

洼地剖面图 w/ 钢边

① 未灌浆堆石护坡
② 风化花岗岩
③ 钢制过梁
④ 95% 的压实路基
⑤ 景观区
⑥ 过滤织物

1. 高架钢制棚顶好似浮于中央操场之上，为这座索诺兰沙漠公园提供遮蔽
2. “聚焦墙”的面板高度各异，窗户也有所偏移，精心布置的框景只会出现在空间中央的特定位置，视野与花岗岩高峰和升起的太阳同在一条直线上
3. 项目施工采用的是天然未加工的材料，用以消除场地内有害挥发性有机化合物的释放，同时尽可能减少不间断的维护。篮球场上的线条等细节是喷砂工艺打造而成的，而不是用油漆刷涂而成

1|2|3

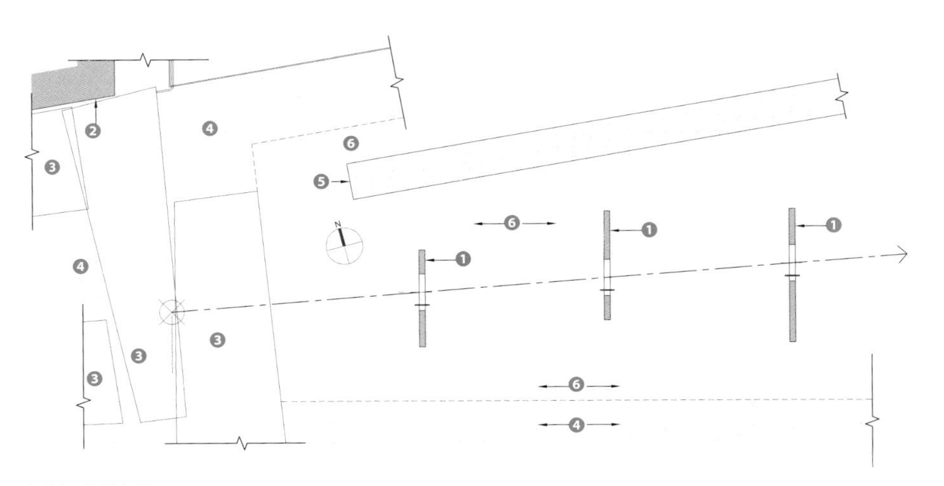

钢制聚焦墙设计

① 钢制聚焦墙
② 卫生间石笼墙
③ 混凝土铺面
④ 风化花岗岩
⑤ 石笼墙
⑥ 景观区

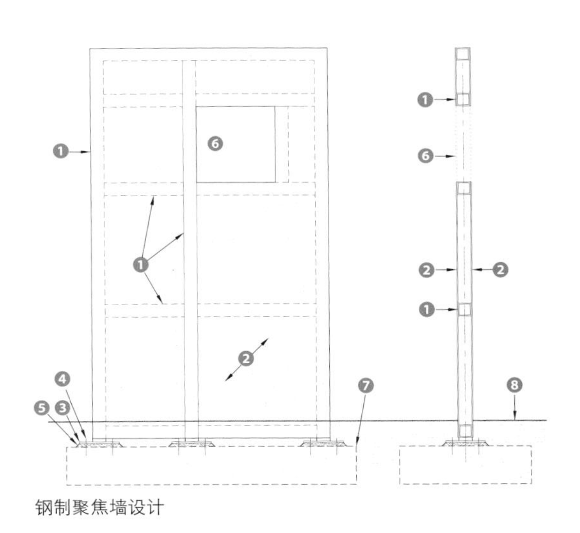

钢制聚焦墙设计

① 6 × 6 TS 墙框架天然表面层色
② 焊在钢架上钢板天然表面层色
③ 钢垫板
④ 地脚螺栓
⑤ 无收缩灌浆料
⑥ 聚焦窗开口
⑦ C.I.P. 混凝土地基
⑧ 抛光坡面

① 预制混凝土搁板，天然灰色，中度喷砂处理，焊在钢管上，各角落的半径为 6.4 毫米
② 直径 76.2 毫米的钢管
③ 直径 50.8 毫米的钢管脚踏板，焊接在钢拉杆上
④ 25.4 毫米的钢拉杆支撑
⑤ 4# 钢筋 152.4 毫米长
⑥ 直径 228.6 毫米的 C.I.P. 混凝土基脚
⑦ 石笼篮
⑧ 过滤织物
⑨ TERRACE 稳固的平台
⑩ 水池
⑪ 95% 的压实路基

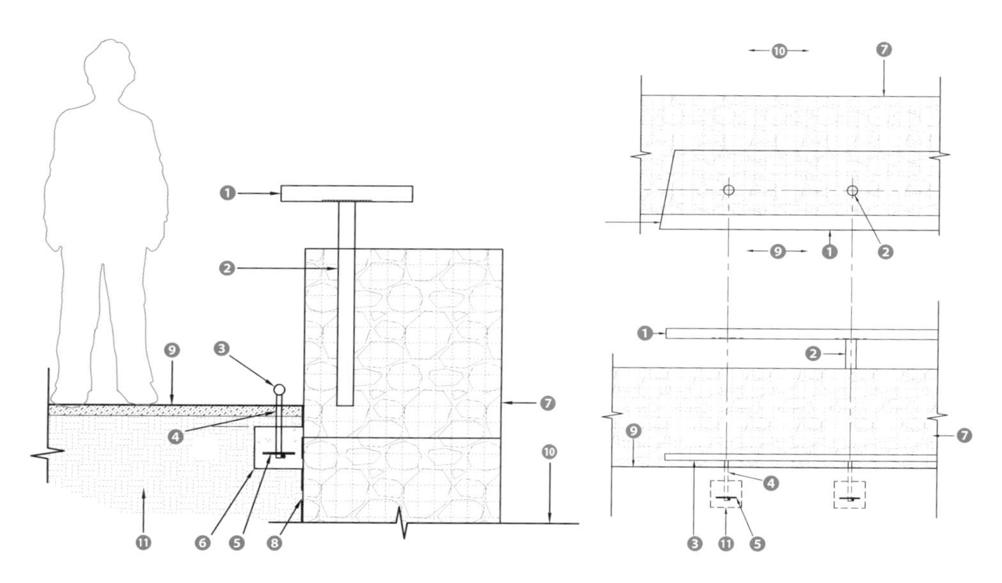

预制混凝土搁板和脚踏板

1. 从现浇混凝土到未经加工的钢材，所有场地元素均为定制材料，其中包括图片中的“日出平台”
2. 公园设计很好地响应了场地和索诺兰沙漠环境
3. 天然岩石被巧妙地放置在定制石笼中，用以搭建建筑和场地结构，其中包括独立式窗墙

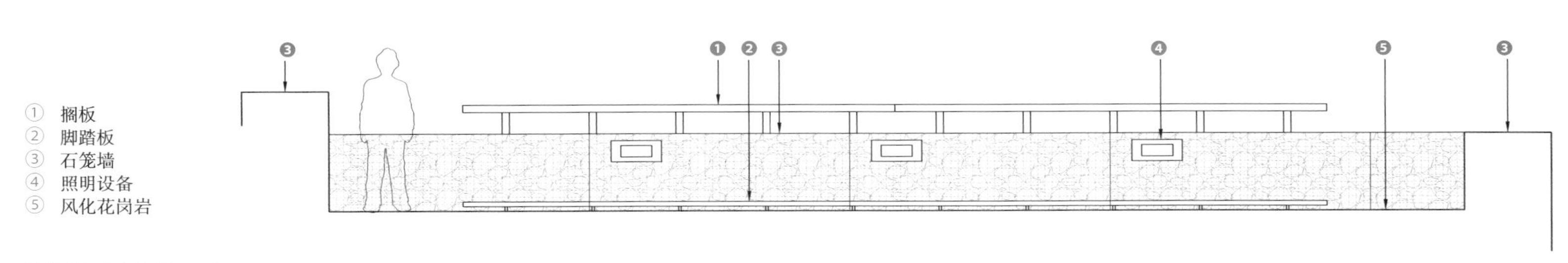

平台石笼墙立面图——北

Bestseller 办公大楼

这是一座为 800 名 Bestseller 员工设计的新办公建筑，也是 Bestseller 设计驱动型企业形象的展示厅。办公大楼由多组层次各异的建筑体量组成，并通过门庭、庭院、平台和屋顶花园等一系列的户外空间连接起来。

办公大楼与户外空间的组合营造出城中城的感觉。建筑四周被运河和湖泊包围，构建起丹麦奥尔胡斯滨水新城区的入口。

办公大楼采用了海水冷却和太阳能系统，是一栋低能耗建筑，其能量消耗低于建筑规范最低要求的 50%。

办公大楼的设计焦点是一条内部“街道”，将办公大楼底层平面一分为二的道路上方还修设有一座室内中央“广场”。员工们可以从广场进入公共礼堂、会议室和实验性店面环境。台阶、楼梯和露台可以容纳 500 至 1000 人在此观看大型时装表演或是举行聚会活动。

办公大楼入口的外观好似一座大桥，从这里可以望见办公大楼三层高的空间。员工们可以从内部街道望向户外绿色平台和屋顶花园——这样的户外空间总共有 10 个。道路的尽头设有餐厅区，餐厅区被划分成多个区域，氛围、大小及隐私程度各不相同，员工们可以根据需要进行选择。用餐区与户外平台相连，员工们可以从这里前往新开发的运河。

中庭、平台和屋顶花园还可以作为建筑体量之间的绿岛使用。设计讲究的屋顶花园内生长有禾草植物、蕨类植物、苔藓植物和叶片稀疏的漂亮树木，用以营造出不同的环境氛围。收集到的雨水还可用来对花园植物进行灌溉。

Bestseller 办公大楼周围的户外空间与奥尔胡斯海滨的公共空间紧密地融合在一起。停车场上的花岗岩和广场的鹅卵石与新城区建设所用的材料形成互动。

项目地点 |
丹麦，奥尔胡斯港
建成时间 |
2015
占地面积 |
2.2 公顷
景观设计 |
C.F. Møller 景观事务所

委托方 |
Bestseller A/S
摄影 |
C.F. Møller 景观事务所
所获奖项 |
2015 年奥尔胡斯市建筑奖，
2015 年世界建筑新闻年度大奖

1. 办公大楼是奥尔胡斯港口新城区的地标
2. 四面被运河和湖泊包围的大楼成为奥尔胡斯滨水新城区的入口
3. 平台全景与更为荫蔽的花园空间形成鲜明对比
4. 正面广场的扩建结构构建起南北花园边上可提供遮蔽的柱廊
5. 对户外空间进行充分利用，这里可以举办时装表演、体育活动等公共活动

1 | 2 | 3
4 | 5

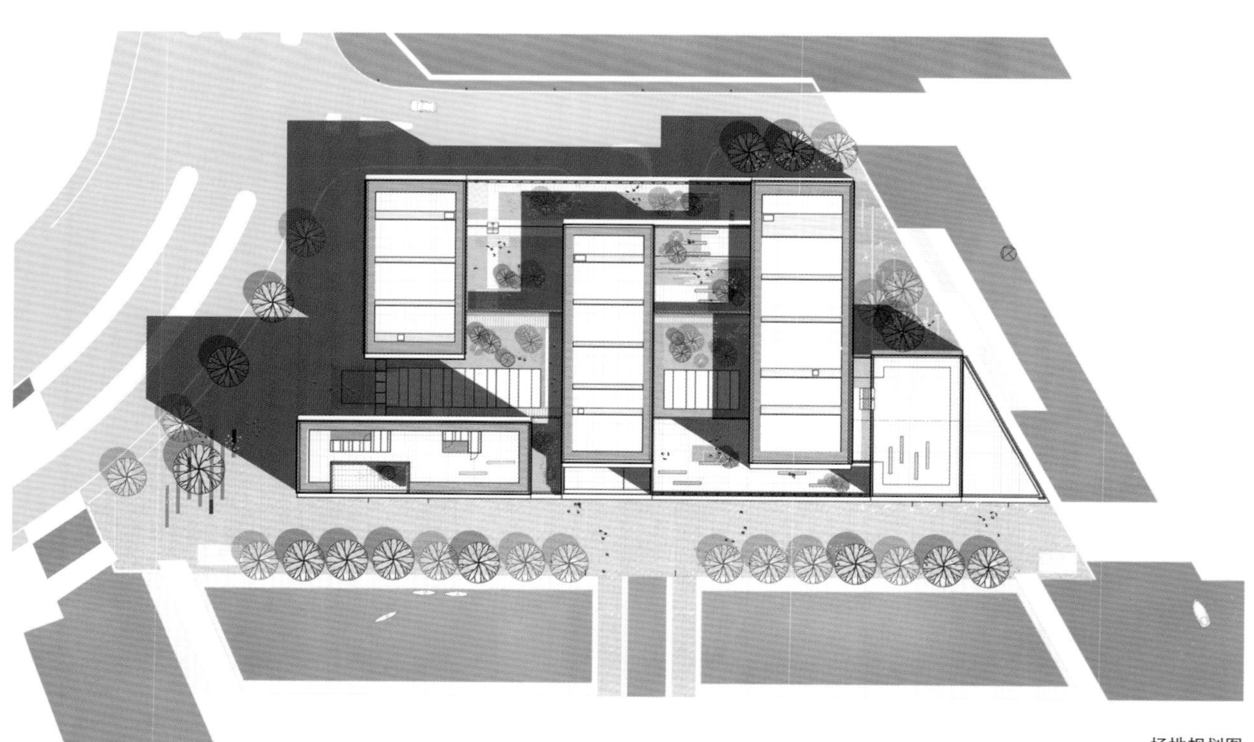

场地规划图

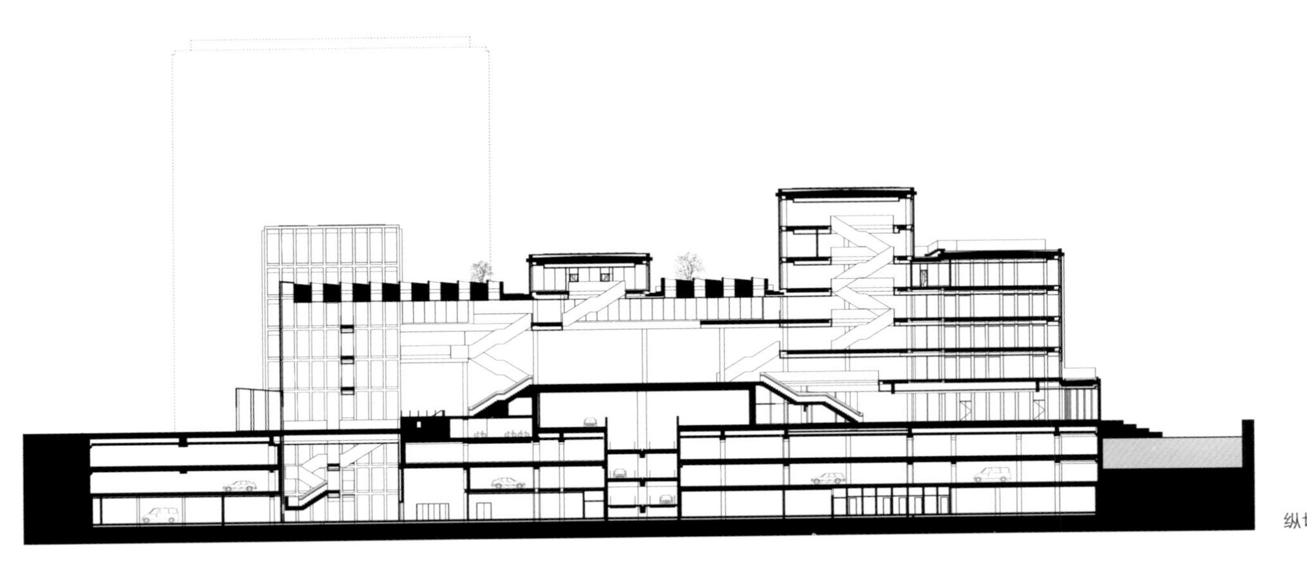

纵切面图

1. 设计讲究的屋顶花园内生长有禾草植物、蕨类植物、苔藓植物和叶片稀疏的漂亮树木，用以营造出不同的环境氛围
2. 用餐区与户外平台相连，员工们可以通过先前的 2 号码头前往新开发的运河
3. 10 个绿色户外空间分布在办公大楼多个不同的平面之上

海水冷却系统和太阳能电池等节能方案可以保证办公大楼的设计符合低能耗要求

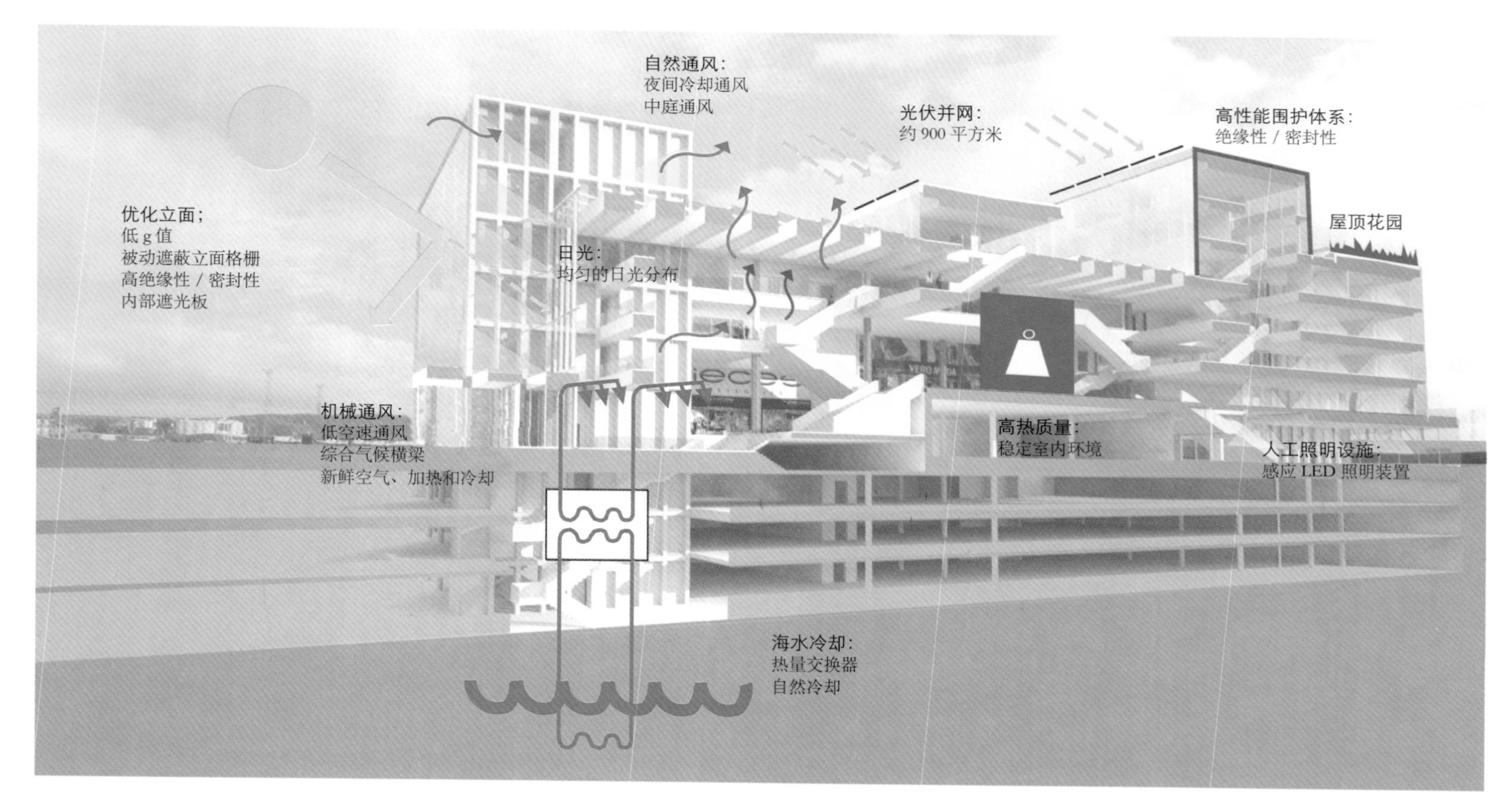

5 雨水回收利用及其他雨水管理技术

雨水回收利用的目的是实现低能耗用水，不但包括雨水收集和节约用水，还包括缓解雨水内涝、减缓地下水的下降、控制源污染和改善生态环境等作用。本节具体地阐述了景观对雨水的过滤回收作用以及景观雨水收集的可行性、收集途径、再利用方式，并对其他一些常见的、具有节能效果的雨水管理技术手段进行了介绍。

景观雨水收集主要途径

构建下凹式绿地

下凹式绿地对雨水收集起着重要作用，能够增加雨水在绿地中的滞留时间，一方面提高了雨水在土壤中的贮存及入渗量，节约景观用水，增加地下水资源量；另一方面，可充分利用土壤对雨水的截污、过滤作用，提高下渗雨水的质量，改善地下水环境。下凹式绿地通过合理的地形设计，将雨水口设在绿地内（高于绿地高程而低于路面高程），使绿地蓄满后再流入雨水口，进而促使道路、建筑物及铺装区上的雨水径流首先流入绿地，以充分发挥植物根系对雨水径流中的悬浮物、杂质等的净化作用，提高下渗雨水的质量；并且绿地渗透能力强，在一定程度上可弥补降水与渗透的不平衡，消减径流和洪峰流量。在暴雨情况下，植物根系对下凹式绿地的蓄渗、减洪效果极为明显。

应用透水性铺装与结构

硬质铺装面积的扩大对生态环境，包括城市景观、降雨径流等产生了不良影响，而在景观设计中广泛应用、合理选择透水性铺装材料可以促进雨水下渗，进一步控制地下水

阳光海湾：凹式绿化带

诺和诺德自然公园：具有透水性的路面

位的不断下降，改善地下水环境，同时也能保证场地设计功能。透水性铺装材料可起到收集雨水并回灌地下水的明显作用。下雨时，透水性材料能使雨水快速渗透到地下，增加地下水含量，调节空气湿度，净化空气，对缺水地区尤其具有应用价值，尤其是高强度陶瓷透水砖，强度高、耐滑、防滑性能好，可用于停车场、人行道、步行街等；透水沥青路面，透水率可达到1500mm/h，渗透能力是一般亚黏土的60倍，使用寿命较传统沥青路面可延长5年以上，各项性能都比传统沥青路面高，且不会增加投入。

利用景观水体

景观水体除了可作为一种独特的景观起到美的作用，更能够通过合理的结构设计，最大限度地收集汛期雨水，通过适当的净化处理，在满足景观用水的同时，用于景观植被灌溉、道路洒水等，可有效减少景观绿化用水，甚至可以实现景观降雨的零排放，改善城市环境，提高可用水资源的总量，缓解城市水资源危机。由大量软性、透水性下垫面类型组成的景观区域内，靠其景观水体自身的天然调蓄作用，可以调蓄景观内的天然降雨。在景观设计中可以充分利用喷泉、溪流、河道、人工湖等水景，配以适当的引水设施，很好地储存雨水径流。

景观雨水回收再利用系统

景观雨水收集利用系统

可以利用集蓄池、碎石沟渠系统、植草浅沟系统以及砂床过滤系统（如图14所示）的雨水收集作用，收集路面雨水、屋面雨水、场地雨水、绿地雨水。这整个雨水收集、过滤、再利用的过程构成了一个高效有机的整体。

经过沉淀、过滤、吸附、消毒等流程，蓄积的雨水的水质基本能达到景观用水的标准，用于景观湖补水、喷泉、洗车等对水质要求较高的用水点，集蓄池的溢流直接排放到市政雨水管。景观湖、喷泉水景均预留自来水补水口，以便于调节与管理。

该图展示的雨水收集利用系统比较科学合理地将路面雨水、屋面雨水、场地雨水、绿地雨水以最优的方式收集再利用，既充分利用了水资源，又节约了水资源，对环境的可持续发展有着重大意义。

景观对雨水的收集过滤机制主要由三部分构成，包括植草浅沟、下渗碎石沟渠、砂床过滤。

·植草浅沟是在地表沟渠中种植草本植物，当雨水径流流经植草浅沟时，利用经过植物的吸收及生物降解等作用削减径流中的污染物，达到雨水收集利用和径流污染控制的目的。在植草浅沟设计中，一般要充分考虑浅沟对水的净化能力，浅沟表层种植耐淹的结缕草、狗牙根及其他禾本科草本，用于收集景观中绝大部分的绿地径流和非透水性道路的径流，直接汇入暴雨塘内暂时储存。

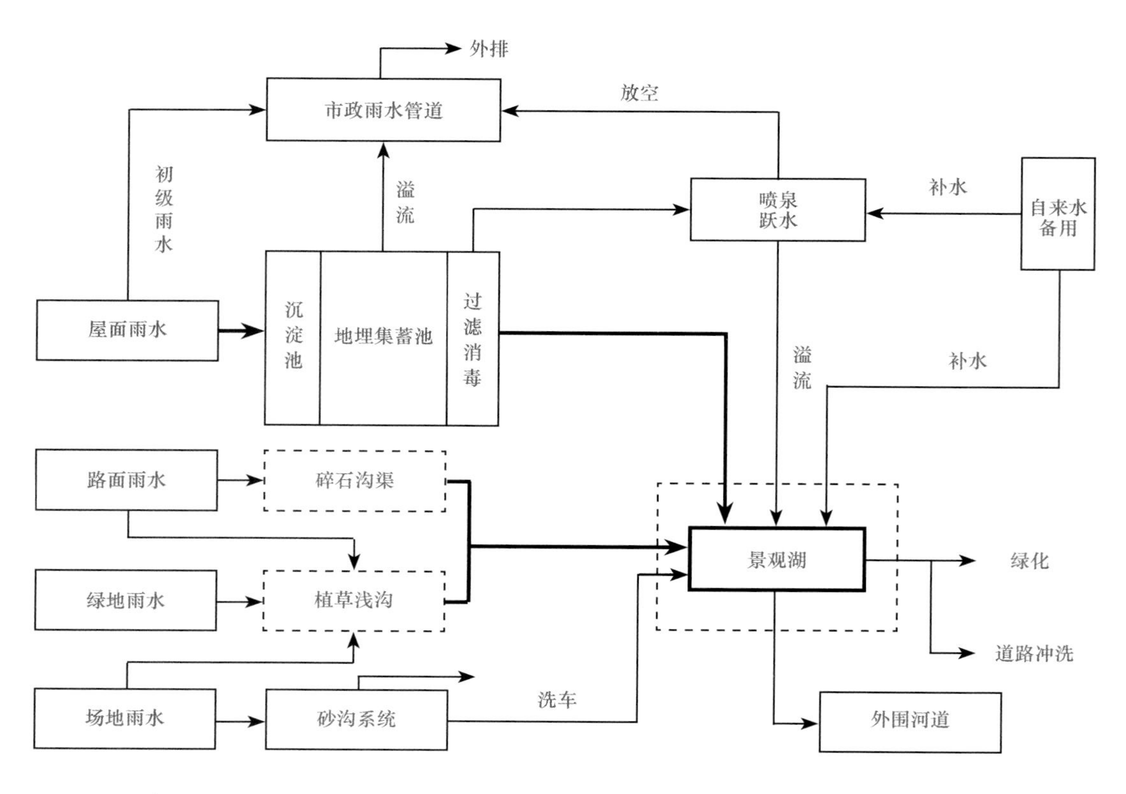

图 14 **景观雨水收集利用系统**

·下渗碎石沟渠是附近汇水区域的低势区，以多种粒径的碎石为主要结构的线型集水槽。地表径流在汇水区进入碎石沟渠后，通过碎石层逐渐下渗，经过碎石的物理结构以及生长的生物膜的过滤和降解作用后，使水质得到净化，最终作为景观湖的补水水源。

·砂床雨水系统由前置池、过滤砂床、集水井等构成，是一种主要依靠细砂过滤的雨水收集系统。为达到降低地表径流冲刷作用和去除径流中颗粒物的目的，前置池深度至少要在 80 厘米以上。 地表径流再经过砂床过滤处理后流入集水井，该系统对雨水的净化效果明显好于植物浅沟、碎石浅沟等雨水收集处理设施。

雨水自然渗透系统指的是雨水通过绿地、土壤等有组织的自然渗透，补充原位地下水，是生态景观的主要部分，表现方式主要为景观水体、蓄渗等形式。这一系统对生态环境的可持续发展起着重要作用，不仅能减少雨水径流量和雨水管网系统的投资，降低水体污染程度，更能优化地下土壤的结构，有效补充原位地下水。雨水自然渗透系统有多种应用方法，可以利用景观道路边沟、绿化带或绿化池、透水铺装等结合雨水管网对雨水进行蓄渗排放。雨水通过景观道路上的绿化带或绿化池内自然下渗，通过雨水口进入绿化带或绿化池内的下凹洼地，当洼地内雨水蓄满后，通过洼地边缘设溢水口流入雨水管网系统。绿化带或绿化池内的蓄水通过自然渗透并深入土壤，对原位地下水进行补充。

综上所述，雨水回收及再利用主要是指雨水再利用、蓄渗、缓排，按途径分两个方面：一是将雨水滞留于雨水收集容器等，经雨水处理设备净化后优先作为中水、灌溉用水、道路浇洒等用水水源；二是通过绿地、土壤等让雨水有组织的自然渗透，补充原位地下水。

其他雨水管理技术

植被过滤带

植被过滤带上一般覆盖着植被（主要是草皮），一般汇流面呈水平布置，建造在比较平坦的区域，用于接收上游汇流面行横的大面积分散式片流，可用于处理街道、高速公路和停车场等小流域的径流。根据植被过滤带的设计方法和功能上的差异，可以分为很多种，如草滤带、缓冲带、滨水植被缓冲带、人工过滤带等。

在植被过滤带的作用下，污染物可以通过其中植被的拦截和过滤、土壤的渗透及吸附作用被去除，其重要功能主要包括：

· 有效拦截和减少悬浮固体颗粒和有机污染物；
· 植被能保护土壤在大暴雨时不被冲刷，从而减少水土流失；
· 可作为雨水后续处理的预处理措施，与其他雨水管理技术联合使用，减少其他技术的维护费用，延长寿命并提高整个系统的能力；
· 容易与不透水区域或其他技术措施自然连接，并形成比较好的景观效果。

生物滞留设施

生物滞留设施是一种有效的雨水自然净化与处置技术，一般建在地势较低的区域，通过天然土壤或更换人工土以及种植植物来净化、消纳小面积汇流的初期雨水。生物滞留设施建造费用低，运行管理简单，同时又自然美观，同景观可以无缝结合。

生物滞留设施的主体单元主要包括蓄水层、树皮覆盖层、植物、种植土、填料层和砾石层。如果有回用要求或需要排入水体时还可以在砾石层中埋置集水穿孔管，可在填料层和砾石层之间铺设一层砂层或细砾石，防止颗粒物堵塞穿孔收集管。生物滞留设施可以设计成雨水花园、滞留带、滞留花坛和生态树池等。

生物滞留设施形式多样、适用区域广、易与景观结合，径流控制效果好，建设费用与维护费用较低；但地下水位与岩石层较高、土壤渗透性能差、地形较陡的地区，应采取必要的换土、防渗、设置阶梯等措施避免次生灾害的发生，将增加建设费用。

雨水湿地

雨水湿地是一种高效的控制地表径流污染的措施，植物覆盖率较大，使用在地下水位接近地表或有充足空间形成一个潜水层的洼地。雨水湿地可以有效控制污染物排放、消减洪峰，调蓄并减少径流体积，减轻对下游的侵蚀。雨水湿地具有缓冲容量大、投资低、处理效果好、操作管理简单、运行维护费用低及低能耗的特点，是一种优秀的水体景观，同时又为大量的动植物创造了良好的生境。

绿色屋顶

绿色屋顶也称种植屋面、屋顶绿化等，根据种植基质深度和景观复杂程度，绿色屋顶又分为简单式和花园式，基质深度根据植物需求及屋顶荷载确定，简单式绿色屋顶的基质深度一般不大于 150 毫米，花园式绿色屋顶在种植乔木时基质深度可超过 600 毫米。绿色屋顶适用于符合屋顶荷载、防水等条件的平屋顶建筑和坡度≤ 15 度的坡屋顶建筑。绿色屋顶可有效减少屋面径流总量和径流污染负荷，具有节能减排的作用，但对屋顶荷载、防水、坡度、空间条件等有严格要求。

诺和诺德自然公园

这座公园的整体设计理念源于两位伟大的思想家索伦·克尔凯戈尔（Soren Kierkegaard）和弗里德里希·尼采（Friedrich Nietzsche）在散步时提出的想法。现代研究表明，现代人在外面时更加随性、放松，更有创造性而且愿意接受新理念。当他们在表现形式多变的野外自然环境中漫步时则更是如此。

因此，设计团队决定借鉴上述理念对诺和诺德自然公园进行设计，将其打造成一座郁郁葱葱的自然公园，公园内蜿蜒曲折的小径从茂盛的群落生境中横穿而过，将公园内各种类型的自然景色划分开来。在对这座公园进行设计时，设计团队希望突出自然的审美体验，为人们提供光照、阴影、气味、色彩和声音方面的感官体验。

蜿蜒曲折的小径遍布整座公园，穿梭于公园内的各群落生境之间，设计团队这样安排是为了最大限度地增加场地空间内的生物多样性。公园内还设有一条大路，人们只要沿着大路走下去，便可以将整座公园参观一遍。而且，公园道路的设计也使得员工们在公园内更容易遇见同事，他们可以在这里进行“边走边谈”式的户外会议。若要想从 A 区直接到达 B 区是不可能的，因为公园内没有一条小路可以从一个地方直接通往另一个地方，它们往往在各群落生境之间来回曲折，尽量将两个目的地之间的距离拉到最长，以便于员工在到达目的地的路上发挥创造性思维，想出创造性的解决方案，同时还可以增加员工们在路上偶遇同事的机会，加深同事之间的关系。旷野、歪树、与同事偶遇、鸟鸣、红润的脸颊，这一切自然而然地成了诺和诺德公司日常工作日的一部分。

自然公园内先前种有多种原生植物，并拥有 1000 多棵树苗，随着时间的推移，这些树苗会成长为界限分明的小型“森林”和具有自动调节能力的群落生境。这些植被为野生和自给型植物，可以让群落生境自然演替，无须过多维护。SLA 景观事务所设计师希望最大限度地增加园区内的生物多样性，他们将一些枯死的树木放置在新栽树木之间。枯死树木的树干是甲虫、毛虫、苔藓的重要生息地，因而对自然生态系统有着重要的价值。除此之外，它们还会散发出腐烂的气味、展露树干的根部、呈现与自然生态系统之生死的直接交锋，最终将自然美感充分地呈现于公众面前。

自然公园内的 1000 多棵树苗都是设计师从优质苗圃中精心挑选出来的，设计师根据这些树苗的自然生长环境、形状和体量及当地的微气候环境，为公园使用者和办公建筑尽可能地提供遮蔽。除此之外，这些树木还可以吸收落在公园场地内的雨水。为了实现自然公园远大的气候适应性设计规划，设计师在公园内的洼地上栽种了桤树和其他耐水性植物。如此一来，诺和诺德自然公园便成为斯堪的纳维亚第一座实现

项目地点 |
丹麦，巴格斯瓦尔德
建成时间 |
2014
占地面积 |
3.1 公顷
景观设计 |
SLA 景观事务所
合作方 |
Henning Larsen Architects 事务所（建筑设计师），Orbicon 咨询公司（气候适应工程师），Alectia 咨询公司（工程师），Skælskør Anlægsgartnere 景观事务所（景观承包方），Urban Green（群落生境）
委托方 |
诺和诺德公司
摄影 |
托本·彼得森和 SLA 景观事务所
所获奖项 |
2014 年 Foreningen Hovedstadens Forskønnelse 建筑大奖一等奖，2014 年斯堪的纳维亚屋顶绿化大赛一等奖；Dansk BetonIn-Situ 提名奖

100% 自然水量平衡的公园：所有落在公园内和建筑上的雨水均会被收集起来，用来灌溉植物。在设计师的精心布置下，这座自然公园甚至可以在不将雨水直接引入下水道的情况下独自应对罕见暴雨。

灯光也是自然公园设计中不可或缺的一部分。白天，各种植被和树叶在阳光的照耀下，在白色的大理石路面上投射出闪烁的光影斑点。而到了夜晚，整座公园被白色的灯光点亮，公园内的植被在灯光的映射下增添了一份动感和天然的色泽。

总而言之，诺和诺德自然公园赋予诺和诺德公司一个强势、全新的自然品牌，而公司的员工和客户、巴格斯瓦尔德的市民和当地的野生动物也拥有了一片愉悦感官、苍翠繁茂的景观和一个毫无压力的环境，人们可以在这里休闲娱乐、获取灵感、社交聚会。

1|2|3
4

场地规划图

1. 有 2000 多棵新栽树木和茂盛植被的公园营造出新的群落生境，改善了两栋新建筑周围的微气候
2. 流程系统鼓励人们在这里进行“边走边谈”式的户外会议和同事之间的偶遇，营造一个健康的工作环境，为员工们提供信息共享和发挥创造性思维的机会
3. 修设有功能性绿色屋顶的自然公园高出地面，与建筑相连
4. 诺和诺德自然公园面向公众开放，因而是一片深受当地社区居民欢迎的绿色大型空间。这座公园完全符合诺和诺德公司关于环境、社会和经济可持续性的三重底线原则

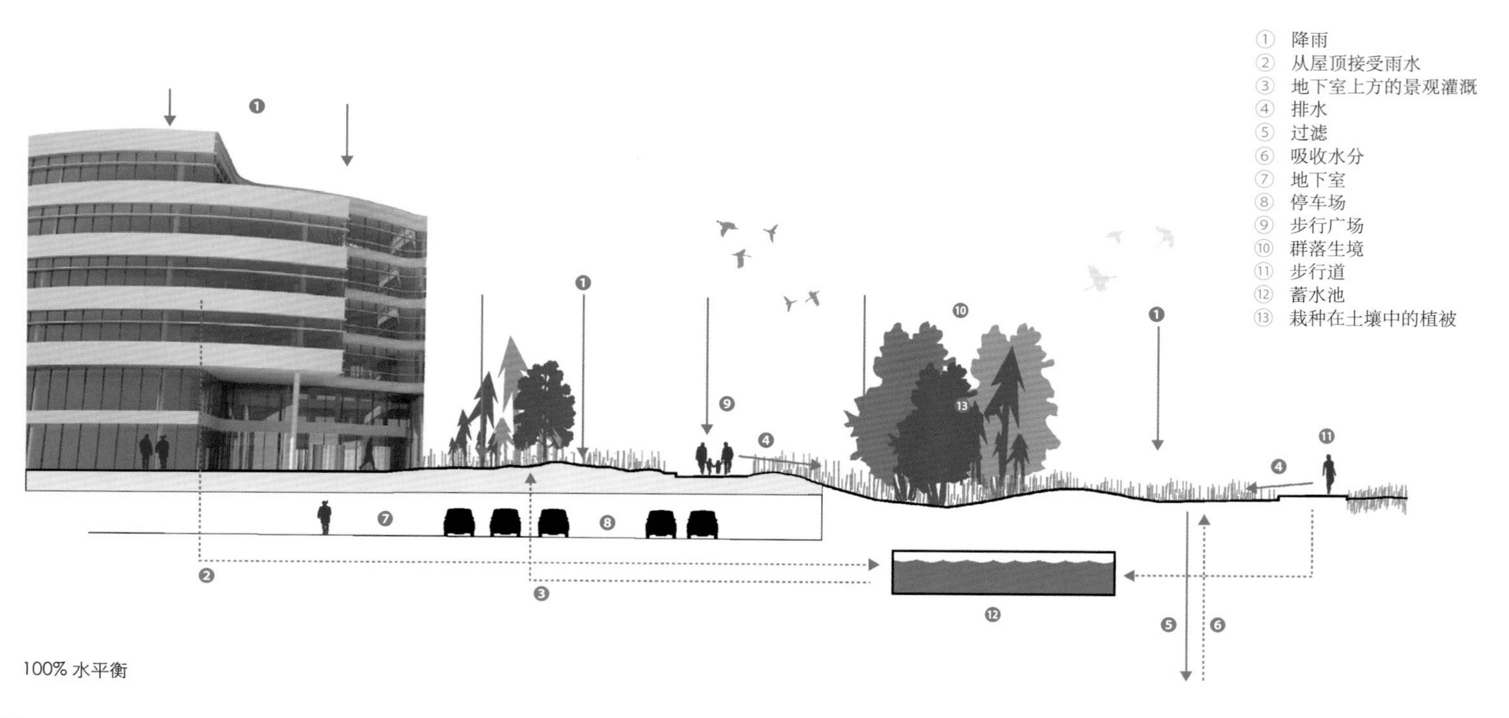

① 降雨
② 从屋顶接受雨水
③ 地下室上方的景观灌溉
④ 排水
⑤ 过滤
⑥ 吸收水分
⑦ 地下室
⑧ 停车场
⑨ 步行广场
⑩ 群落生境
⑪ 步行道
⑫ 蓄水池
⑬ 栽种在土壤中的植被

100% 水平衡

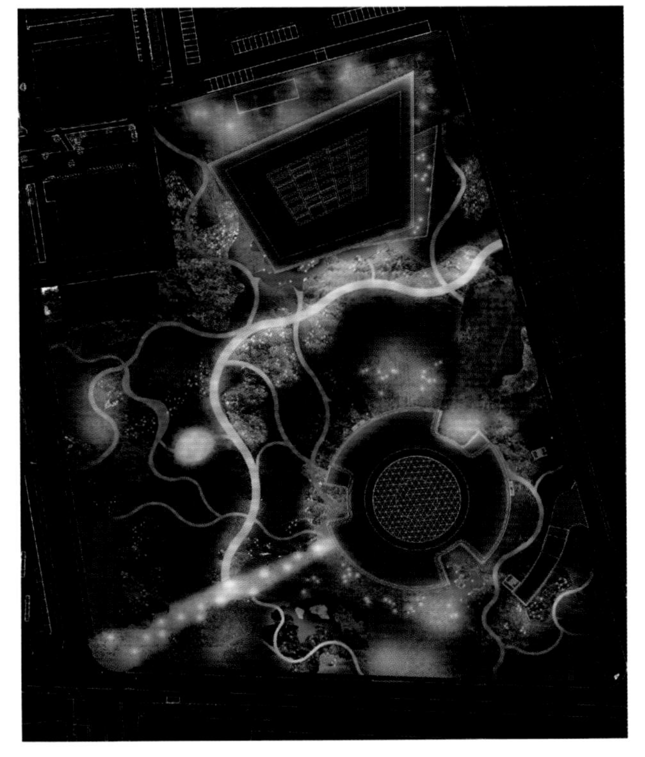

照明设备总体规划

1. 诺和诺德自然公园是丹麦第一处实现 100% 水平衡的景观。这意味着公园内或建筑上的所有雨水均可自然渗滤或是被用来灌溉植被
2. 公园的照明设计使得公园依然可以在夜间和斯堪的纳维亚漫长的冬季里面向公众开放

莱克星顿环境教育湿地教室

莱克星顿环境教育湿地教室是一个对环境负责的、怡人的户外教学景观场地，该项目的设计旨在为学生提供一个再次接触环境的机会。学生们可以通过一系列好玩的雨水收集元素和湿地 / 生态滞留花园，亲身体验主体对环境负责原则的重要性以及影响。建筑上的雨水径流通过排水沟和落水管系统直接流入该区域。这些径流随后流过喷洒有大量除草剂和杀虫剂的杂乱草坪。集水池和地下排水系统对受到污染的雨水进行拦截，然后将经过过滤的雨水排放至附近的河口。

空间改造的第一步是除去这片草坪，从而排除任何可能的化学药剂使用和污染带来的风险。设计团队用风化花岗岩替代高维护草皮，以此打造出一个有渗滤功能的可用表面。原有的双人步行道被保留下来。步行道与建筑之间的区域变成了教室的专属空间，学生们可以在这里种植有机蔬菜。

下一个步骤是解决场地雨水径流管理不善的问题。设计团队拆除了十三处排水沟和落水管，代之以用当地废料场收集的工字梁打造的排水管道。这些结构对雨水进行拦截，然后越过原有的步行道，输送至上方的处理系统。雨水随后流入安装有手泵的蓄水池。此时，学生们便可以收集雨水，浇灌他们的有机花园了。多余的雨水径流直接从蓄水池流入通往湿地花园的河岩排水槽。这座下沉花园可以容纳和渗透多余的雨水径流，并将雨水径流储存在场地内。生物滞留花园内还生长有灯心草、鸢尾花、美洲蒲葵、柏树、自播植物等原生湿地植物。

设计团队对设计元素进行布置，以便留出灵活的多功能区。这里的座椅均是简单的原木截面，是学生们用校园内的一棵倒掉的树木打造而成的。这些区域被改造成科学实验教室、户外阅览室和美术课的幕景。

户外教室结构位于生物滞留花园中央。这一结构及其位置会使学生们和游客们沉浸在那些允许他们亲身体验周围自然变化过程的室外环境中。

“眼不见，心不烦”是该项目的设计主题，这也是径流和地下排水设施的设计宗旨。项目完工后，所有教室的窗户都面向花园开放。每场降雨都是一次极佳的教学机会，也会让学生们倍感兴奋。

项目地点 |
美国，路易斯安那州，门罗市
建成时间 |
2011
占地面积 |
1340 平方米
景观设计 |
Tony Tradewell 景观设计公司，
ASLA 景观设计公司
委托方 |
莱克星顿小学家长教师联谊组织
所获奖项 |
2012 年美国景观设计师协会主席奖

①　隐蔽的步行道
②　美术教室
③　原有的步行道
④　户外教室树桩座椅
⑤　教育馆
⑥　教室
⑦　户外教室
⑧　阅览室

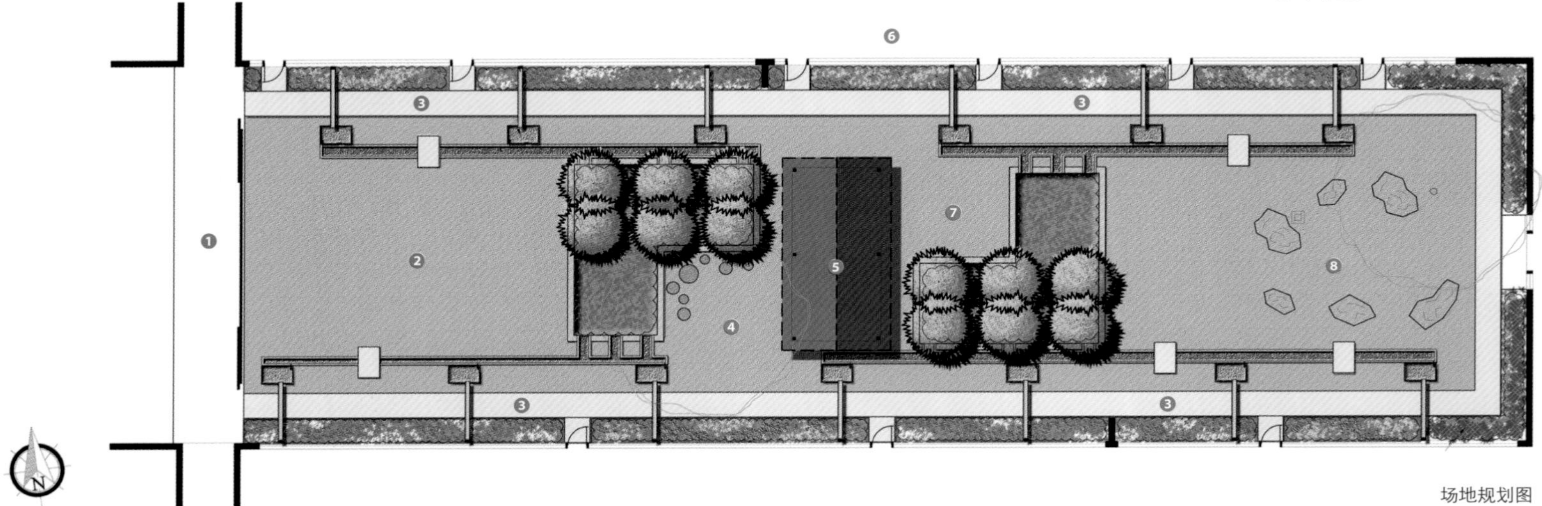

场地规划图

1 | 2/3

1. 座椅是用校园内的一棵倒掉的树木打造而成的，学生们可以根据不同的活动调整“座椅”的位置
2. 狭窄的河岩排水槽将水池内的径流和溢流输送至教室中央的下沉湿地花园
3. 注意径流均被输送至最近的水体“眼不见，心不烦”是场地排水设施的设计宗旨

1|2
3|4

① 风化花岗岩
② 下沉雨水花园湿地植物过滤补给区的溢流流入原有地下排水系统
③ 户外教室，树桩座椅
④ 教室凉亭
⑤ 建筑周围的小路
⑥ 下沉雨水花园湿地植物过滤补给区的溢流流入原有地下排水系统
⑦ 风化花岗岩

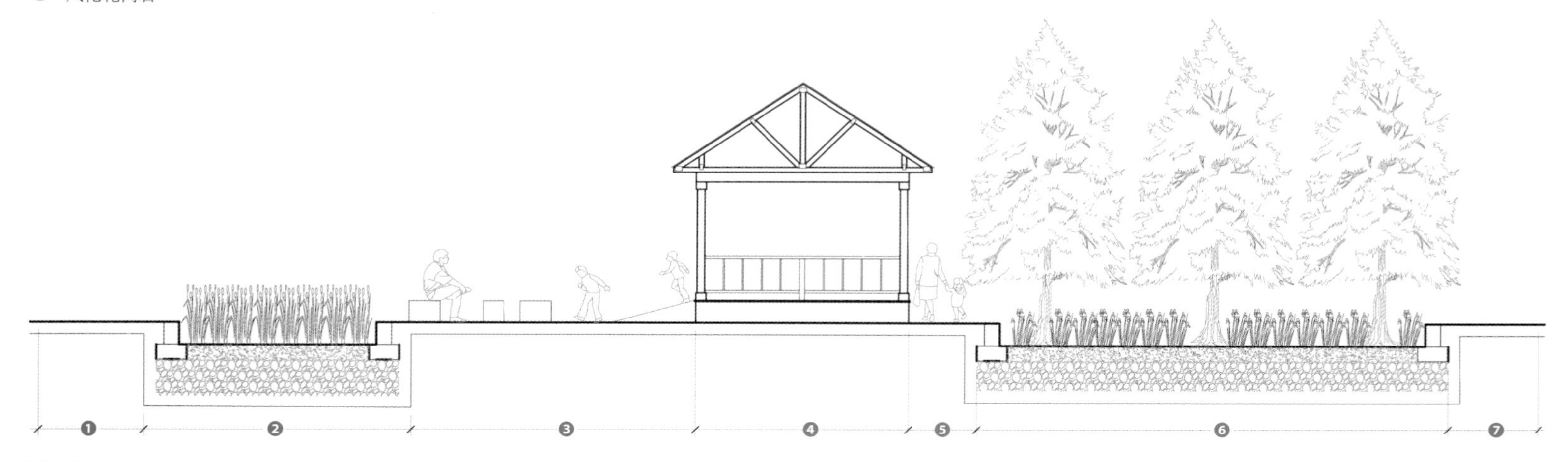

剖面图

① 从头顶上方经过的回收工字梁将从原有排水沟收集到的雨水输送至水池
② 支撑结构上的攀缘植物
③ 安装有手泵的水池可以收集雨水，浇灌教室花园
④ 金属栅栏和河岩
⑤ 沟渠将水流从水池输送到雨水花园
⑥ 原有的步行道
⑦ 教室花园
⑧ 学校建筑

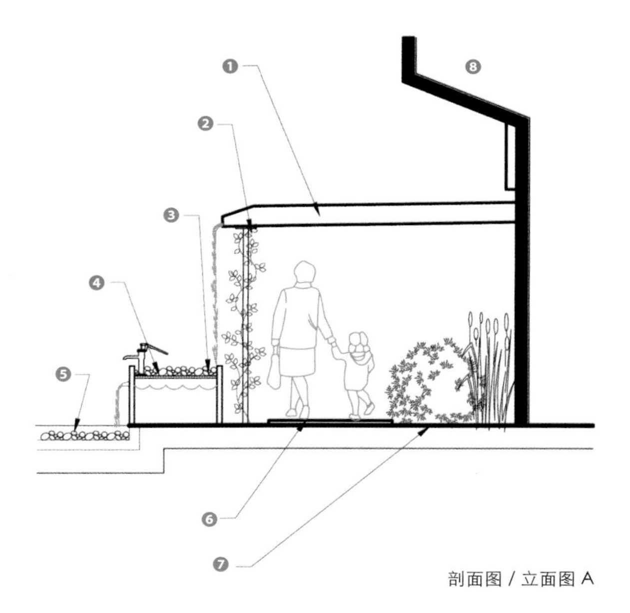

剖面图 / 立面图 A

1. 花园周围被分割成 10 个有机花园，每个班级负责照顾自己的花园
2. 学生用手泵从水池中收集雨水，并用收集到的雨水浇灌空间周围的教室花园
3 – 4. 用来说服学校领导和全体学生的景观设计原始效果图

雅典城中心复兴项目

将雅典城中心改造成一个真正的当代大都市中心，需要对城市三角区进行彻底改造，使其成为充满生命力城市地块。设计师提出了气候调节的创新性理论，减少机动车辆流动，使其成为适合步行的公共领域。

项目开发新阶段需要修设将施工中场地联系起来的绿化和供水系统。需要注意的是，方案囊括了城市热岛效应缓解策略，在炎热的夏季里，使温度下降 1.5 摄氏度至 3 摄氏度，而欧洲最大的雨水滞留系统可以充分满足项目场地的用水需求。

该项目将重点放在三个支柱上，以此打造一个具有弹性的、易于接近的、充满活力的空间。

雅典城中心将被改造成绿地系统，场地内将出现一个可以提供树荫和遮蔽的绿地中轴区。弹性策略包括对降低城市热度、改善热舒适性（通过对公共领域进行绿化和遮荫、修筑绿色的屋顶和建筑外墙、清凉的林荫路面等方式实现自然冷却）、减少空气污染、减少能量消耗和解决污水问题(雨水滞留和灌溉)的具体态度。将城市三角区改造成绿色框架，将角落改造成绿地，将框架与雅典城中心的绿色山丘联系起来，这些举措有助于降低城市热度，其影响不仅限于宪法广场、帕尼匹斯提米奥街、欧摩尼亚广场和帕提申区，对雅典城中心也有一定的积极影响。良好的植物生存条件对于减少热量来说是至关重要的，因此设计团队将雅典城的绿化战略与水战略结合起来，对地表盆地内、屋顶上或其他地方的雨水进行拦截和滞留。除了技术性解决方案之外，还可以以一种理想化的方式对雨水进行利用。

绿色框架将被视为一个覆盖了所有公共领域的连贯网络，将相邻的社区联系起来。设计团队还对林荫大道、交叉路口和广场进行了修复，为人们提供连贯的步行体验。新电车线路的建成也有助于增强地区凝聚力。事实上，宪法广场、帕尼匹斯提米奥街、欧摩尼亚广场和帕提申区周围的区域为人们提供了共享空间，同时实现了慢性交通和机动交通的新平衡。

不再设置禁止进入区：欧摩尼亚广场将成为绿色城市广场，Dikaiosynis 广场将成为带有水景元素的引人瞩目的绿色城市广场。位于帕尼匹斯提米奥街中央的绿色走廊建立起大学与城市公园之间的联系。

项目地点 |
希腊，雅典
建成时间 |
预计 2017-2018
占地面积 |
56 公顷
景观设计 |
OKRA 景观事务所
合作者 |
Mixst Urbanisme 建筑规划公司，国有资产管理局 (NAMA)，LDK，罗兰日本电子光学实验室 (Roland Jeol)，Studio75 建筑设计公司，瓦赫宁恩大学，维尔纳·索贝克绿色科技有限公司
委托方 |
奥纳西斯基金会
摄影 |
OKRA 景观事务所

new city centre 56 ha

新城市中心 56 公顷

弹性城市

城市规模 - 空间结构

- 高密度住宅区
- 低密度住宅区
- 工业区
- 景观，植被稀疏
- 景观，植被灌木林地 / 森林
- 城市公园
- 城市绿色居住区
- 城市三角区内的花园
- 城市化三角区内的主要广场
- 超级公路
- 网状系统
- 比赛场地
- 基础设施，交通
- 步行区和公共交通（有轨电车）
- 老城区，内城
- 雅典盛行北风，季风（但在雅典城中心，街道峡谷处的风速很低）

1－2. 减少车辆流动，向步行友好型城市迈进了一大步，新获得的空间将被改造成一个充满活力的、易于接近的绿色城市中心，绿色框架将林荫大道和绿地联系起来

绿色网络由林荫大道和绿色广场构成

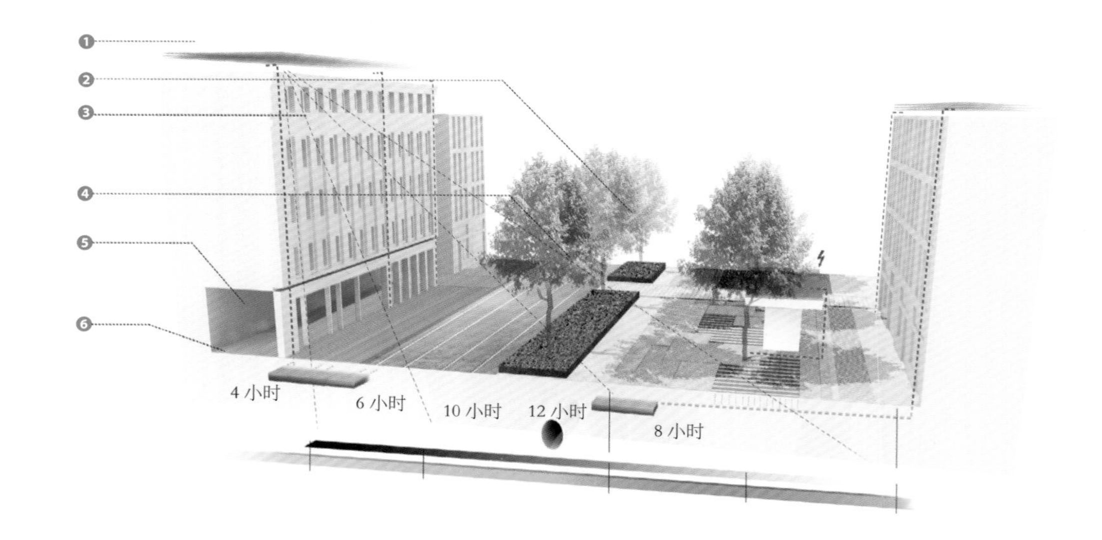

① 屋顶雨水收集
② 报亭屋顶上的太阳能电池板
③ 侧影
通过侧面最高点的成排树木来创造阴影效果
④ 确保雨水渗透的透水铺面绿色结合处
⑤ 雨水收集 / 渗透雨水箱存储
⑥ 经过数小时的阳光曝晒

绿化战略与水战略相结合，可以大幅度减少城市热量，
同时营造舒适的微气候环境

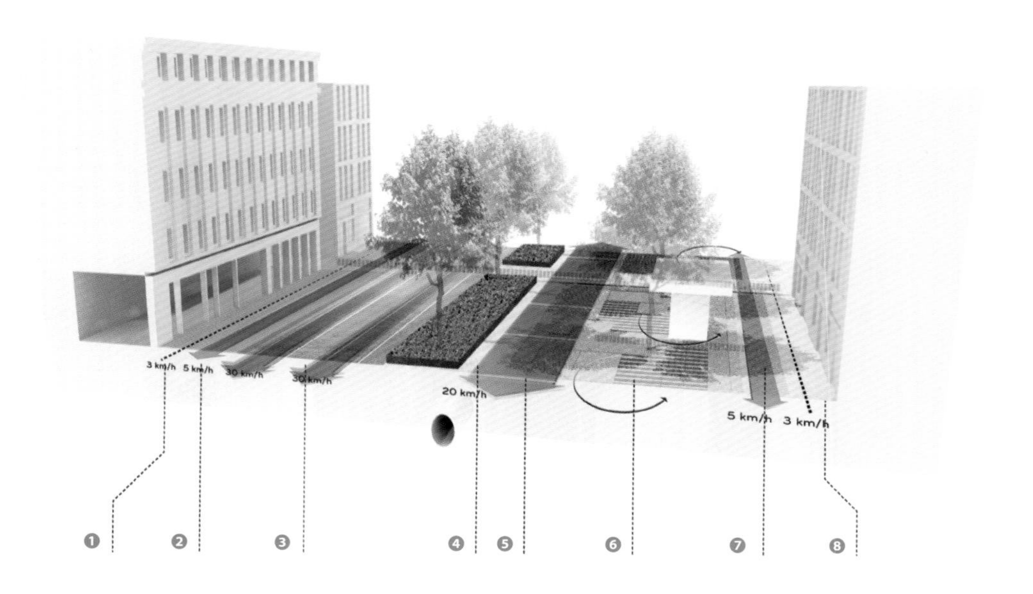

① 商店橱窗
② 人行道
③ 电车轨道
④ 自行车道
⑤ 出租车和运输车道
⑥ 微城市空间
⑦ 人行道
⑧ 商店橱窗

1－2. 减少车辆流动，向步行友好型城市迈进了一大步，新获得的空间将被改造成一个充满活力的、易于接近的绿色城市中心，绿色框架将林荫大道和绿地联系起来

绿色网络由林荫大道和绿色广场构成

① 屋顶雨水收集
② 报亭屋顶上的太阳能电池板
③ 侧影
通过侧面最高点的成排树木来创造阴影效果
④ 确保雨水渗透的透水铺面绿色结合处
⑤ 雨水收集 / 渗透雨水箱存储
⑥ 经过数小时的阳光曝晒

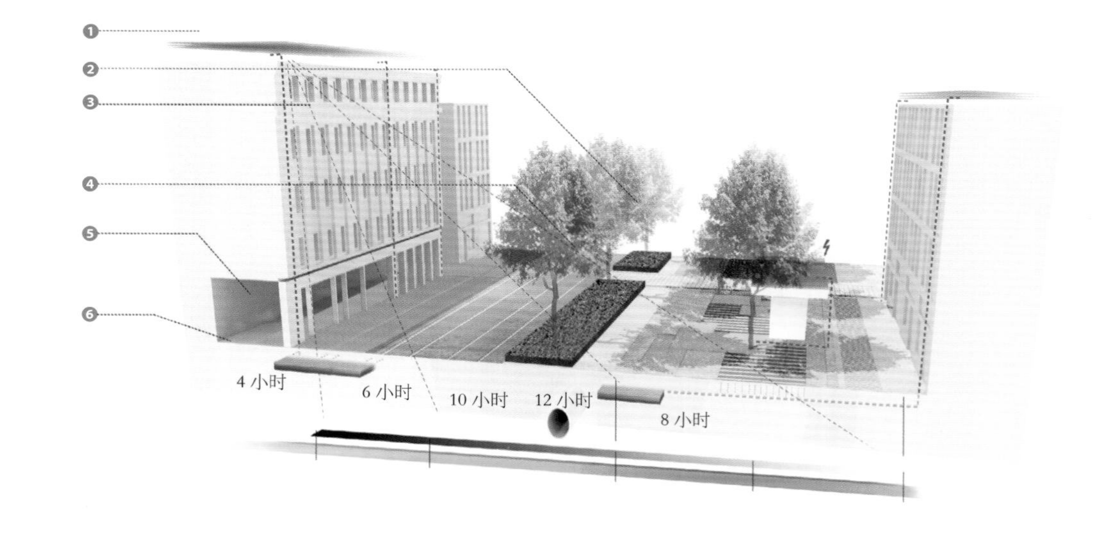

绿化战略与水战略相结合，可以大幅度减少城市热量，
同时营造舒适的微气候环境

① 商店橱窗
② 人行道
③ 电车轨道
④ 自行车道
⑤ 出租车和运输车道
⑥ 微城市空间
⑦ 人行道
⑧ 商店橱窗

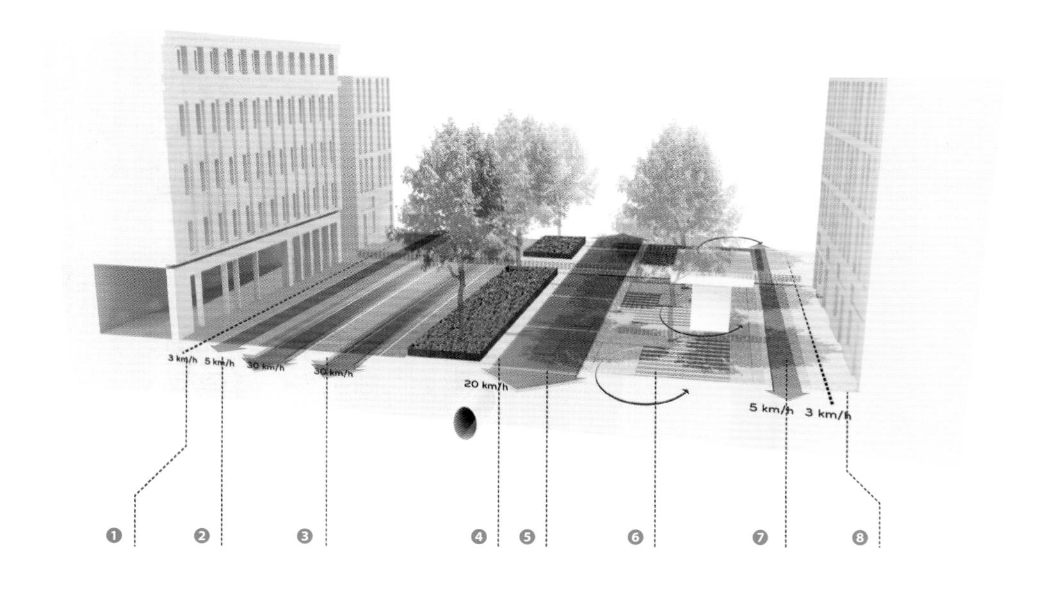

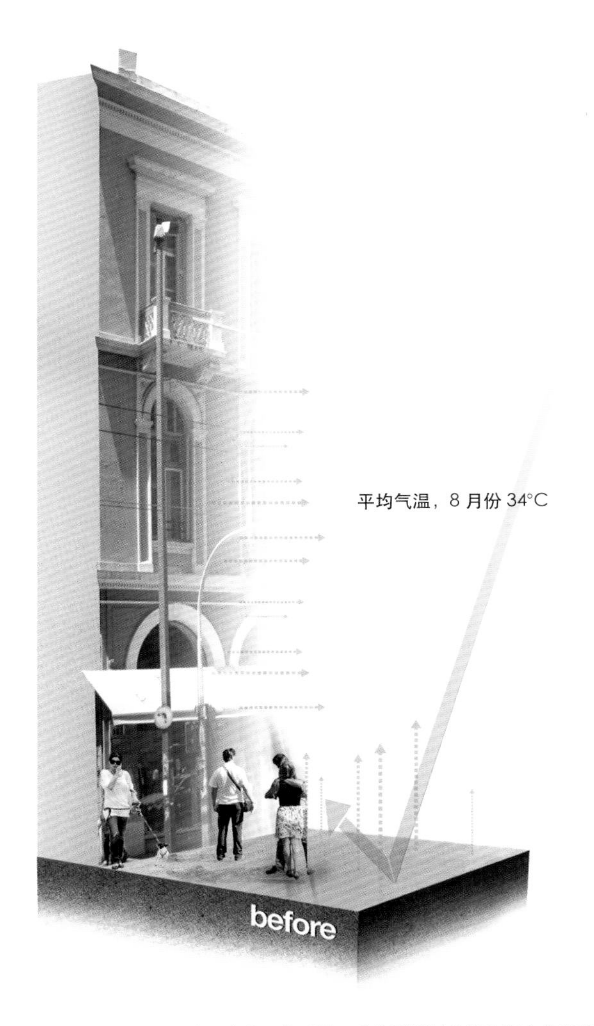

为了提高生活和工作环境的绿化质量，雅典城通过为绿地限定特别环境的方式打造了多个场地，城市气候将有所改善，在炎热的夏季里，温度会下降 1.5 摄氏度至 3 摄氏度

1. 为了增添城市活力，雅典城在修设公共空间之前便已开始示范区建设
2. Dikaiosynis 广场

1. 欧摩尼亚广场和 Dikaiosynis 广场将成为带有水景设施的的绿色城市广场，帕尼匹斯提米奥街中央将修设绿色走廊。
   道路网将各个广场连接起来
2. 作为水池水平和垂直元素的有着丰富图案的面板
3. 垂直于帕尼匹斯提米奥街的街道和帕提申区将成为公共空间激活网的一部分
4. 走进一家商店的人们

1 | 3 | 4
2

雅典城的交通将会得到调整，从车辆运行调整为公共交通，打造步行友好空间和宽敞的人行道

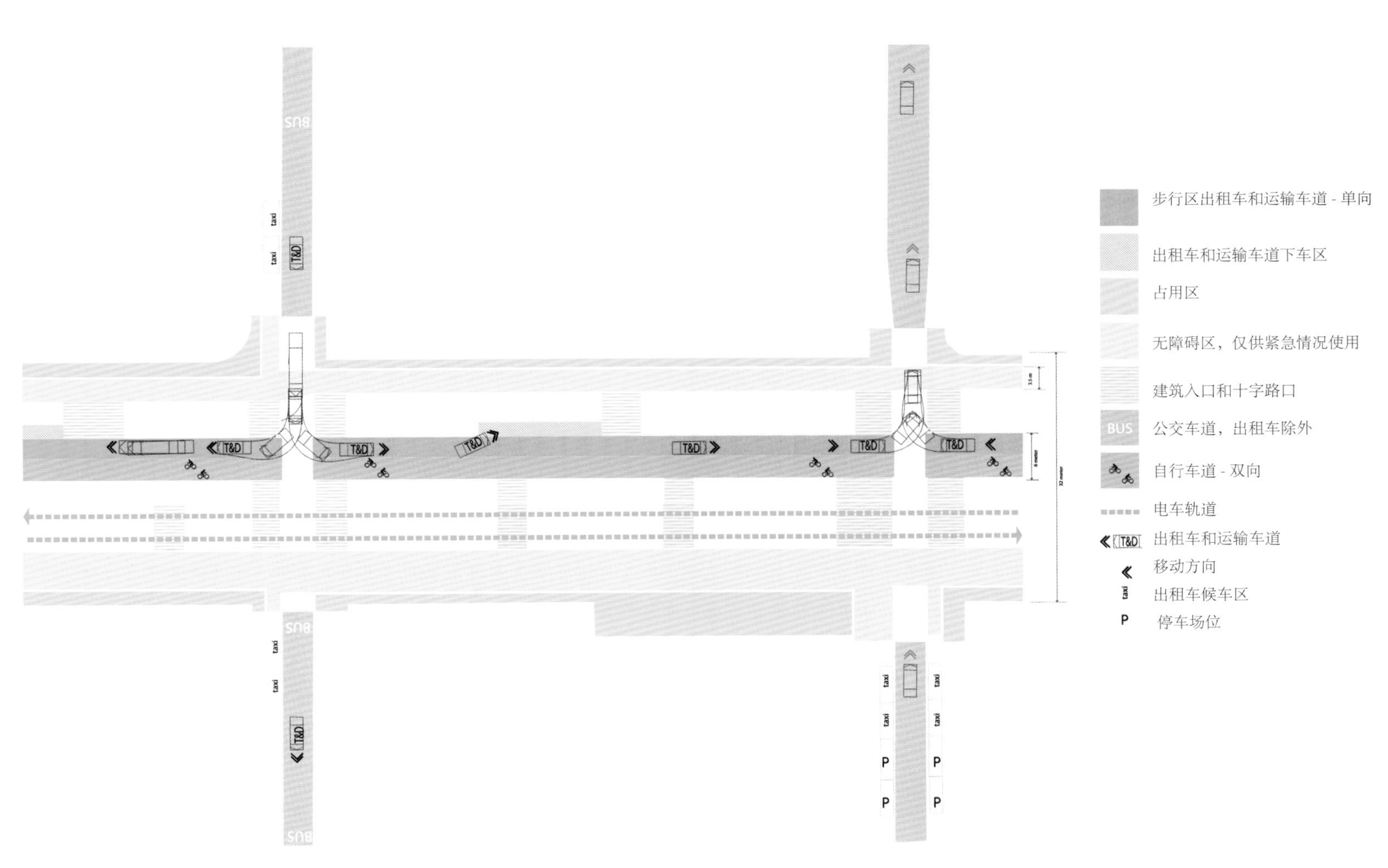

1. 建筑内部将被用作半公共空间使用，与空地战略相契合
2. 其中一栋建筑前面的草皮轨道

1 | 2

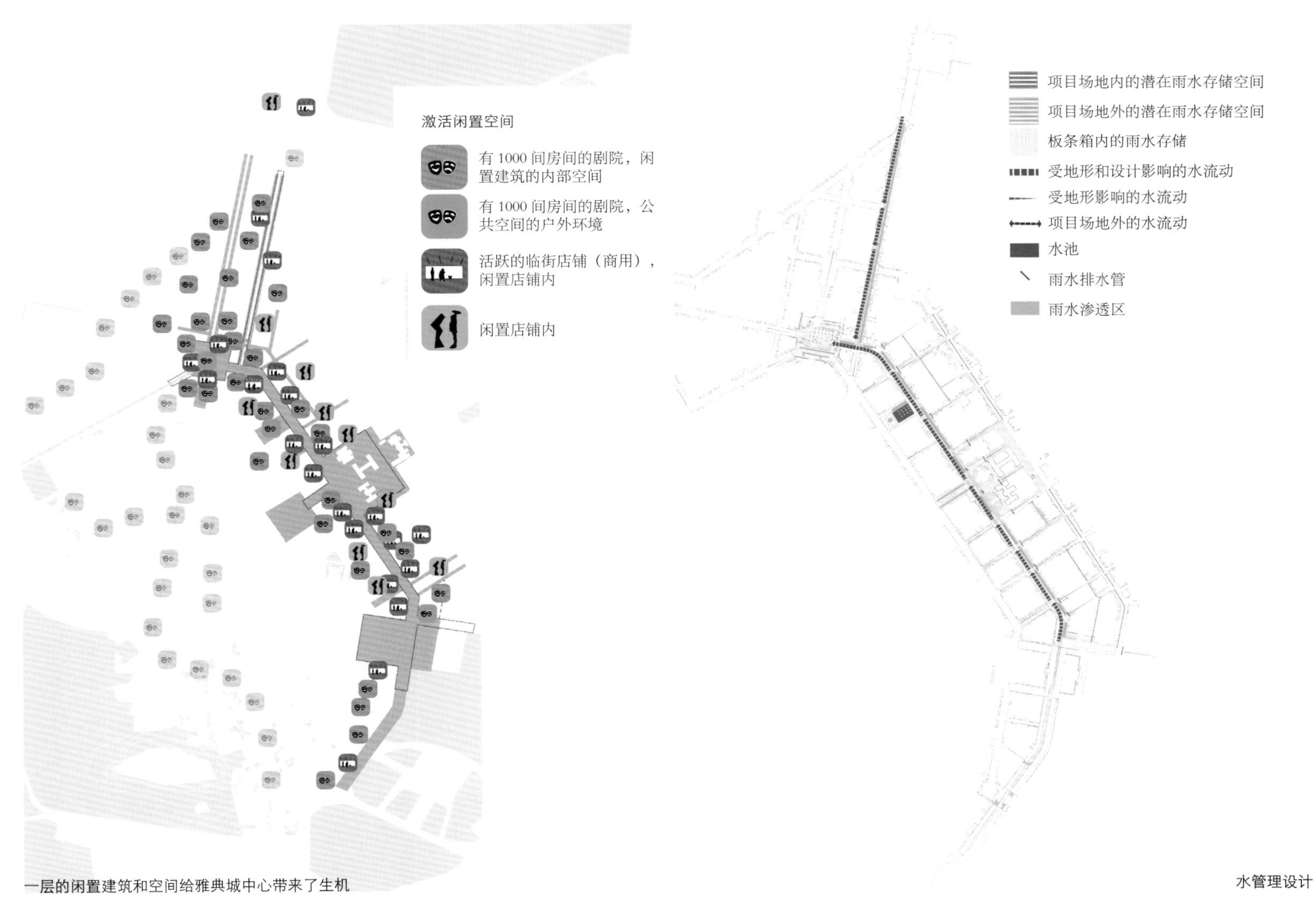

一层的闲置建筑和空间给雅典城中心带来了生机

水管理设计

印度钦奈
Confluence 度假酒店

位于印度马哈巴利普兰钦奈郊区的 Confluence 度假酒店，规模宏大、景色优美，是印度独一无二的度假胜地。

Confluence度假酒店建筑周围的台阶与多个大型花槽不仅增添了酒店的人文气息，还起到柔和酒店建筑轮廓的作用。度假酒店的大型会议中心内修设有一座小型庭院，院内光照充足、植物郁郁葱葱。人们可以从长廊和宴会厅俯瞰这座简约的庭院花园。庭院内栽植有多株缅栀属植物，庭院的边缘生长着茂盛的灌木丛。

大型会议中心的侧面是一座线性湖畔花园，花园直接通往项目场地东侧，将项目场地内的三个区域连接起来。线性湖畔花园不仅是一处绿色缓冲区，还是一座带有线性洼地的花园，而线性洼地则是该项目可持续排水战略的一部分。

位于 B 区中心的大型开阔草坪将大型会议中心与别墅度假区分隔开来。这里的草坪好似一块巨大的绿色地毯，是人们开展户外活动的理想场所。草坪后便是大型会议中心，这片广阔无垠的草坪使得会议中心看起来更加宏伟壮观。

越过中央草坪便是 C 区——别墅度假区，这片区域是项目总体规划中的重要景观区，也正是这片区域赋予了该项目度假酒店的感觉和特征。别墅度假区的中央花园内修设有多座亭阁和平台，植物苍翠繁茂，这里不仅可以为人们提供遮蔽，还为别墅度假区增添了景致。别墅度假区内的景观墙是由当地的传统雕刻家和美术师雕刻而成的，设计风格简单而雅致。而这些雕刻在简约风格的墙面和亭阁上的图案不仅为别墅度假区内的景致添色，同时还将自身转变成一种景观装置艺术。矗立在游泳池边上的展开式矩形景观亭不仅可作观景游廊使用，还将中央花园的结构构筑出来。阳光透过墙面上精雕细琢的图案，在地面上投射出多个形状独特的暗影，这也使得墙面和地面变得生动起来。照明设施也在该项目中发挥着重要的作用。微微的灯光将各种景观的重要特征凸显出来，同时也为旅客打造出一种绝妙的气氛。

Confluence 度假酒店的所在地马哈巴利普兰地区的花岗岩雕塑历史悠久，可以追溯到数千年前。在对巨大座椅的雕塑形式、墙面和亭阁的雕刻图案进行设计时，当地的美术师发挥了关键性的作用。Confluence 度假酒店项目的景观设计向人们揭示了一个事实，即地方性艺术和文化也可以被融入到简单而现代风格的设计中。

项目地点 |
印度，钦奈
建成时间 |
2014
占地面积 |
4 公顷
景观设计 |
一林景观设计有限公司
委托方 |
Arun Excello 集团
摄影 |
MiA 工作室

1. 泳池别墅花园的怡人环境
2. 中央泳池全景图
3. 泳池亭阁墙面上的精致图案，背景是丰富多彩的景观元素

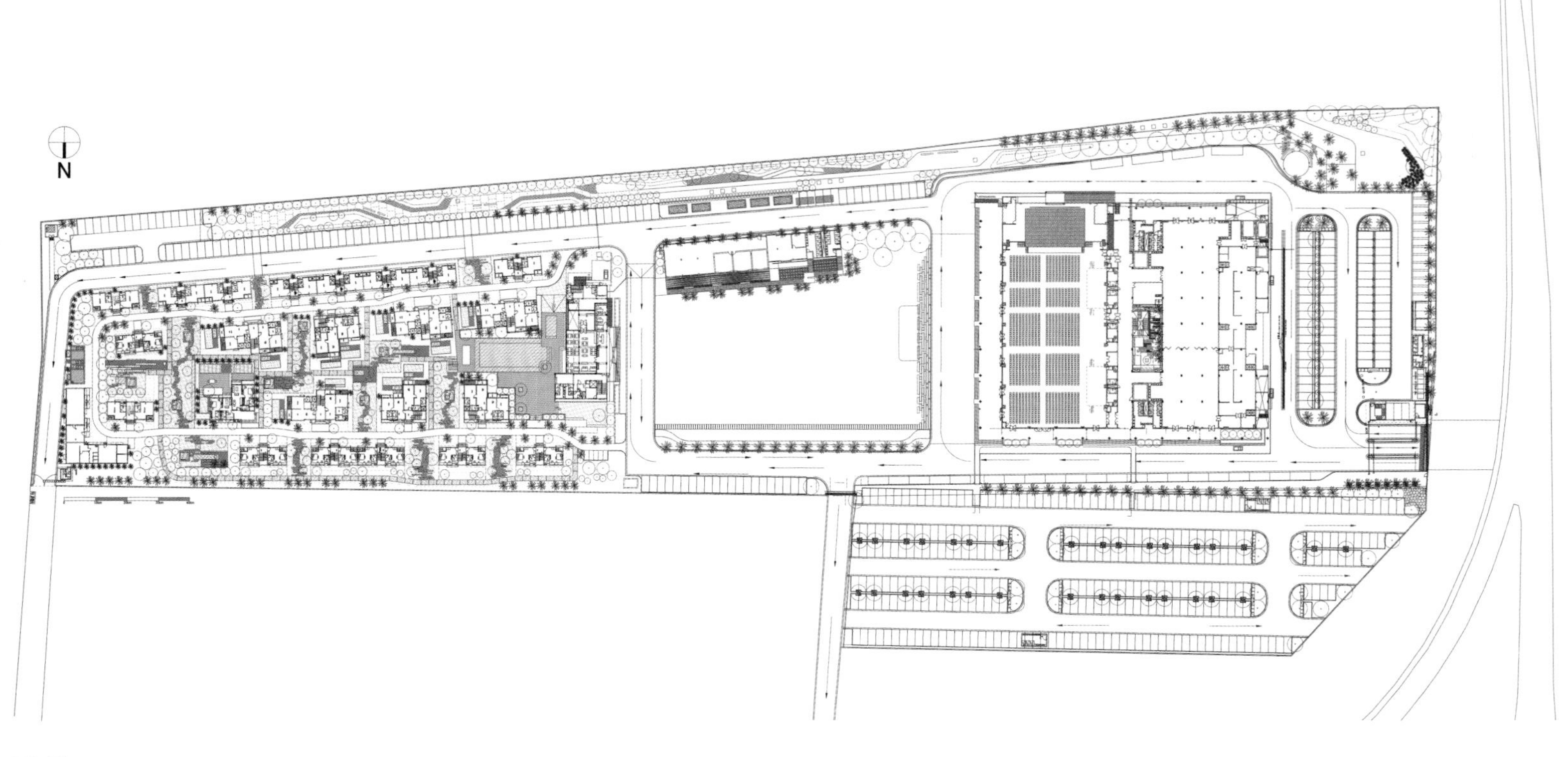

平面图

1 | 2
3

1. 景观元素相互作用的中央花园
2. 落日余晖的取景拍摄
3. 夜幕下的亭阁好似一座发光的雕塑
4. 池边亭阁内环境优雅的用餐区

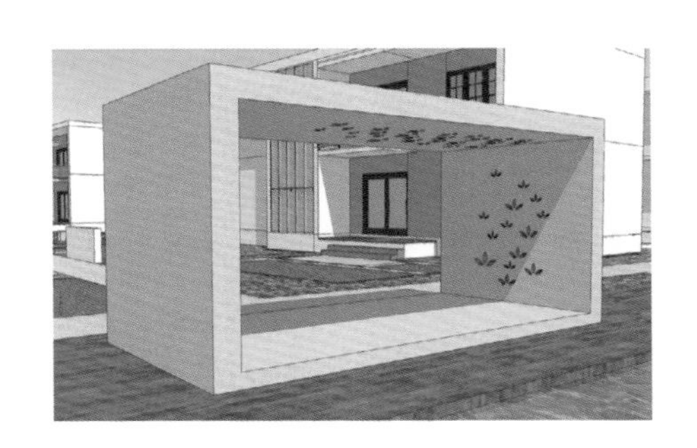

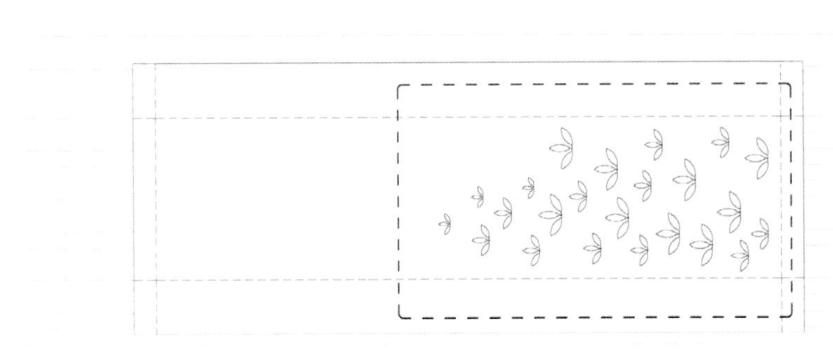

池边亭阁平面图

池边亭阁剖面图 1

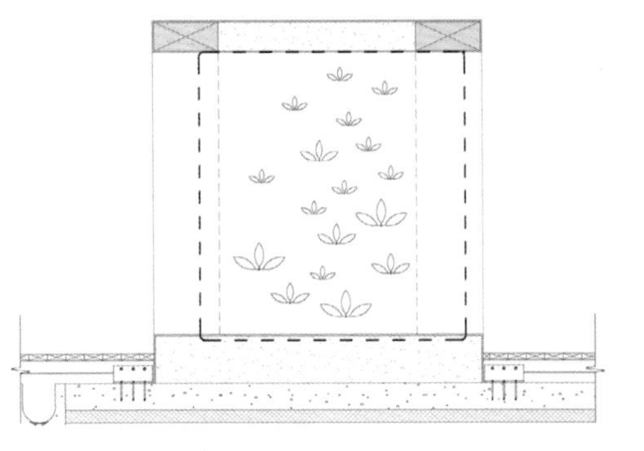

池边亭阁剖面图 2

1. 在装饰用植物映衬下的线性花园墙面
2. 投射到花园墙面上的影子在隐约闪动
3. 绚丽天空下的中央花园

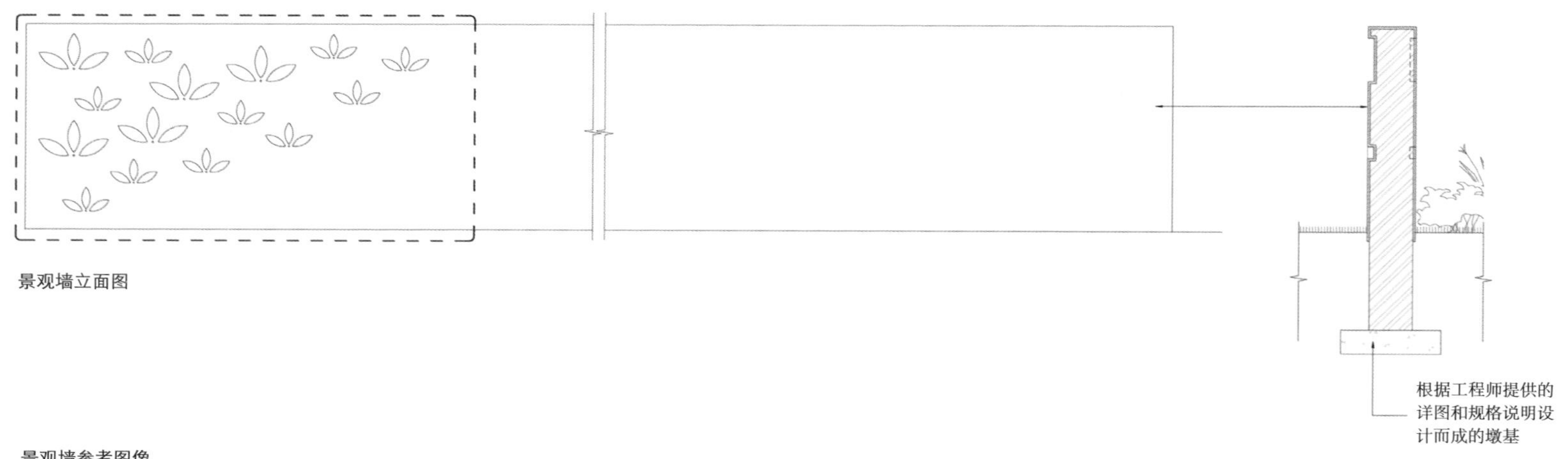

景观墙立面图

景观墙剖面图

景观墙参考图像

图案详图

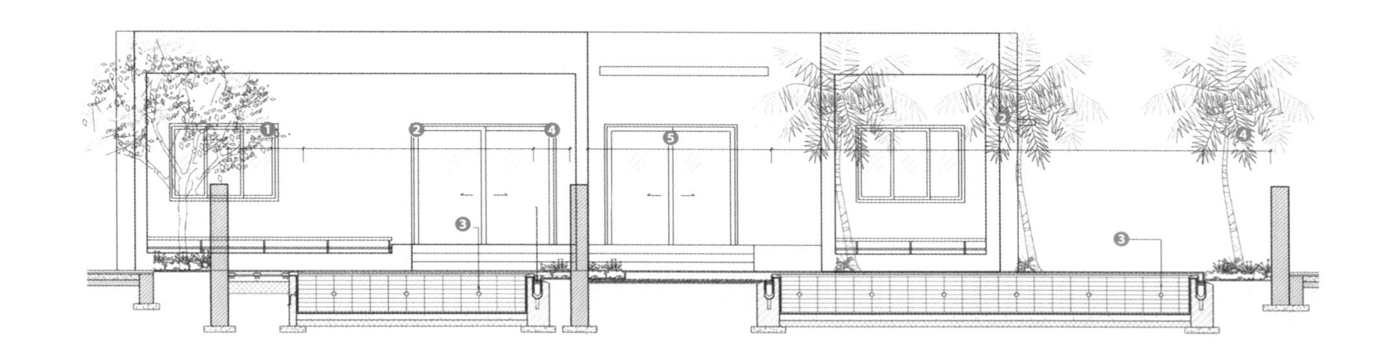

① 观景木台
② 跌水池
③ 水池灯光
④ 植物区
⑤ 砂砾
⑥ 木料固定细节
⑦ 钢铁格栅

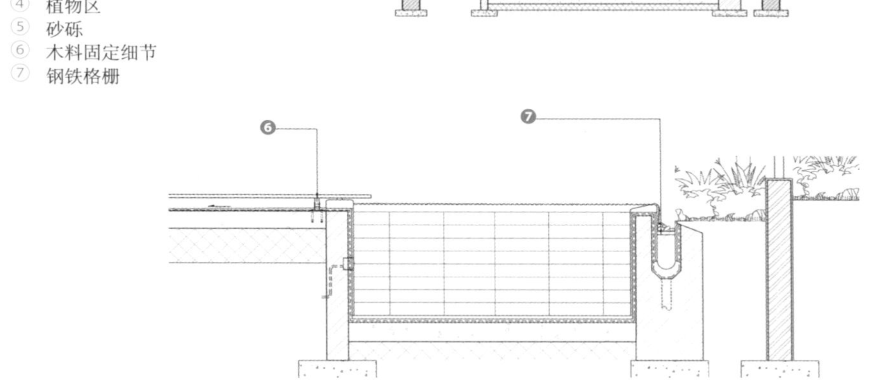

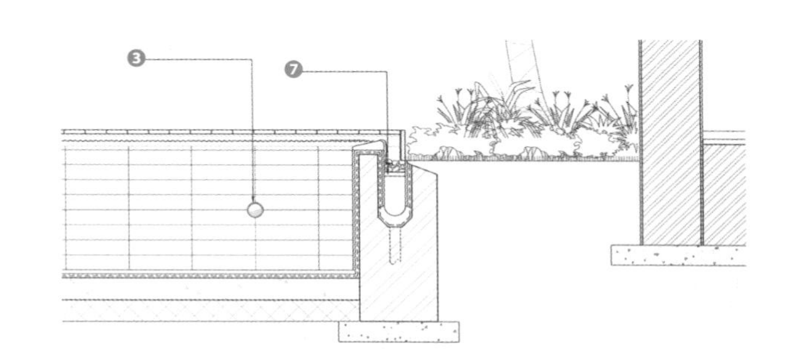

蜜月套房外部景观详图

谢菲尔德水库

谢菲尔德水库项目将一座容量为 4000 万加仑的露天水库改造成一个设有地下蓄水设施的开放式公园。更为严苛的联邦饮用水管理条例的颁布推动了项目场地的改造，这里不再只是一个满足安全饮用水要求的露天水库。

多个城市委员会、富人社区的居民和范·安塔景观设计公司的设计师一同参与到该项目的设计中，以确定项目场地的设计标准。该项目的目标有：对两座埋入地下的混凝土水库进行施工、打造一个配备有紧急救援人员出入设施的公共开放空间、将原有的防火示范园融入改造工程，以及对纪念项目场地水利史的历史元素进行保护。

设计团队最终在加利福尼亚州圣巴巴拉市的山麓丘陵地带建造了一座占地 8 公顷的公园，并在公园内栽种邻近城市公园内生长的原生植被，用以对当地的物种进行保护。此外，设计团队还在项目场地内栽种了滨水橡树林、橡树草坪和灌木丛等区域性植物群落，用以适应当地的地形和微气候。种植有湿地植物的生态洼地不仅可以为野生动物提供栖息地，还可以在雨水径流汇入 Sycamore Creek 之前对雨水径流进行处理。为了维护当地蜂群的生存环境，设计团队还在这片区域内修设了一座用来传播花粉的公园。原有的水库、水坝、填石排水通道被保留下来作为步行道系统的一部分。公园内地势起伏，并可一览当地山脉的壮丽景色，公园内还设有四通八达的道路网和可供探险、娱乐的小径，社区居民们从中获益颇多。

总平面图

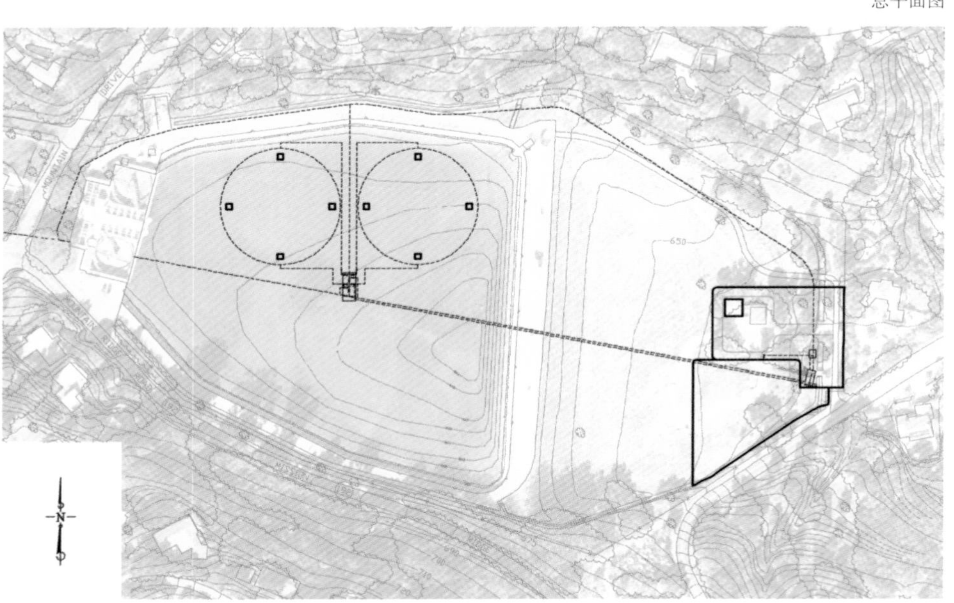

1

项目地点 |
美国，加利福尼亚州，圣巴巴拉市
占地面积 |
8 公顷
景观设计 |
范·安塔景观设计公司
(Van Atta Associates, Inc.)
委托方 |
圣巴巴拉市
摄影 |
露西娅·费雷拉 (Lucia Ferreira)

1. 历史上著名的 1925 谢菲尔德过滤建筑虽已不再使用，但依然被保留在场地内
2. 原石象征着曾经存在的水库墙体

1 | 2

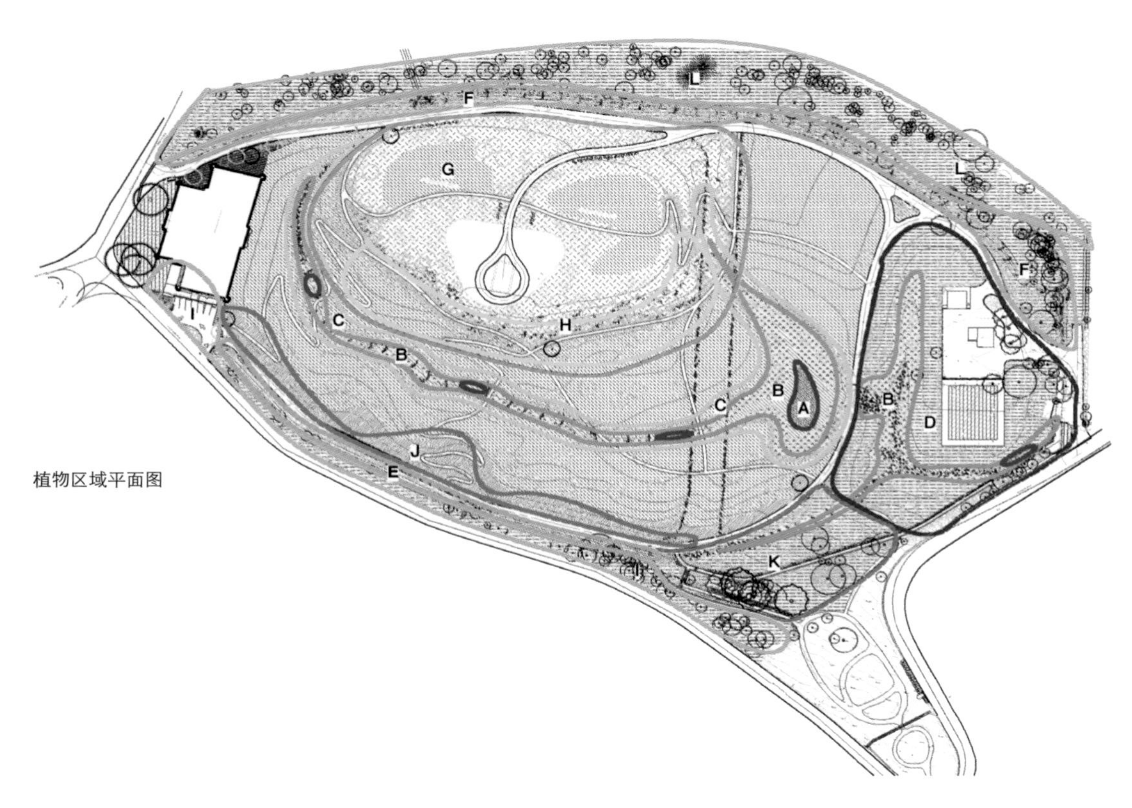

植物区域平面图

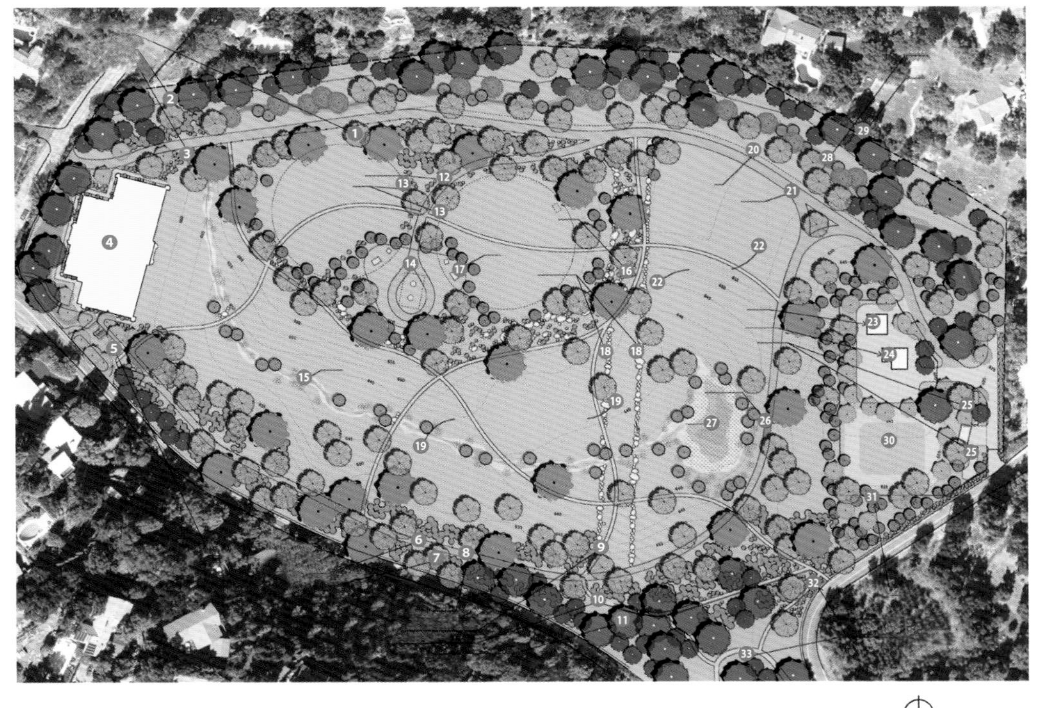

场地概念规划图

1. 橡树林
2. 河岸带北侧的围栏
3. 曾经的护墙
4. 现存过滤建筑
5. 谢菲尔德开放空间停车场
6. 曾经的护墙走道
7. 开放空间周围的橡树林
8. 设有钢筋底基层安全 / 服务通道
9. 步行道
10. 曾经的河道走道
11. 现存的桉树 / 橡树林
12. 水库服务通道
13. 拟建水库
14. 拟建水库拱顶和通风服务区
15. 修设有拦沙坝的生态草沟
16. 露出地表的岩石和拼接形态的矮木丛植被
17. 生长有原生屏障植被的安全围栏
18. 堆放的巨石（旧谢菲尔德水库大坝的界线）
19. 橡树热带草原上的野花和原生草甸
20. 2.4 米宽的植草超车道
21. 4.3 米宽的服务 / 消防车道
22. 消防平台开放空间
23. 拟建控制室
24. 现存的伊尔赛来图泵站
25. 保留下来的混凝土河道
26. 夏季横道
27. 生长有原生植被的滞留池
28. 生长有河岸植被的天然溪流排水沟
29. 建筑红线和现有围栏
30. K-9 训练设施
31. 生长有原生屏障植被的安全围栏
32. 开放空间周围的围栏
33. 原有的防火示范园

干堆巨石墙剖面图和照片

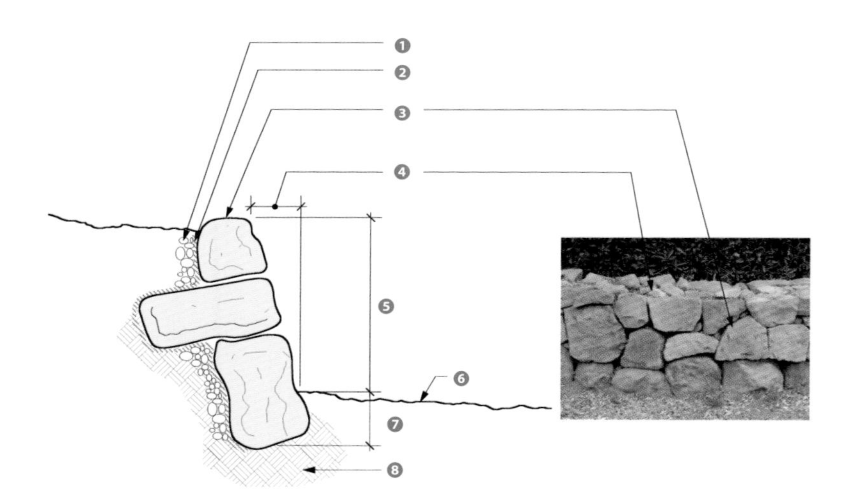

① 砾石排水，连续不断
② 过滤织物
③ 干堆墙，插入斜坡
④ 30.5 厘米的墙高，7.6 厘米的墙面倾斜
⑤ 高度各异 - 不超过 9 分米
⑥ 抛光坡面
⑦ 30.5 厘米
⑧ 95% 压实路基

巨石挡墙剖面图

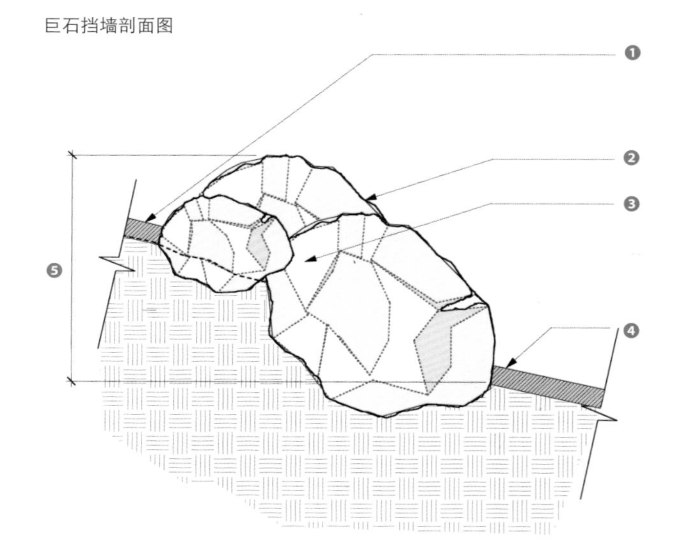

① 碎木 / 树叶覆盖层最小厚度 5 厘米
② 远处的巨石
③ 在现场找到的卵石；大块卵石和小块卵石混杂在一起，卵石高度在 50.8 厘米至 76.2 厘米之间
④ 碎木 / 树叶覆盖层最小厚度 5 厘米
⑤ 50.8 厘米至 76.2 厘米

1. 传粉昆虫栖息地将很多蜂群吸引至项目场地
2. 水位下降时，从公园穿流而过的溪流留出了一条可供行走的横道
3. 这片区域吸引了很多的慢跑者和遛狗者

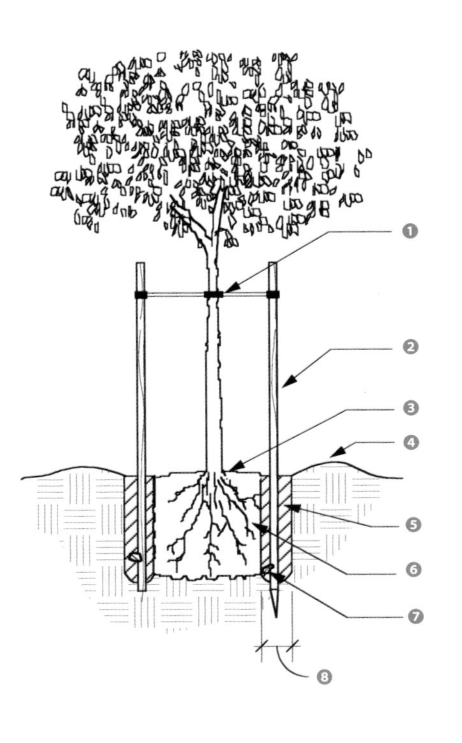

① 将橡胶带系在树干高度 2/3 处
② 经过处理的直径 5 厘米的棚屋支柱。打入根团外未被扰动的路基
③ 将顶部设置在原有坡道上方 2.5 厘米处
④ 10.2 厘米的临时狭径
⑤ 回填 - 详见规格说明
⑥ 翻松根团 - 固定在牢固的坑底上
⑦ 肥料设定（详见规格说明）
⑧ 最小 15.2 厘米

注释：
1. 安装树桩时不要伤害主根或是毁坏根团。
2. 加水、回填 50%，然后完成回填。

树木种植和立桩标界剖面图
比例：不按比例尺

阳光海湾

毗邻马卢奇郡中心商业区的阳光海湾由 11 个住宅、商业、零售规划区和建于人工湖泊周围的社区组成。2007 年，普利斯设计集团接受委托方的委托，开始对该项目的景观设计部分进行规划。如今，普利斯设计集团已经发展成可以为众多公园用地和街道景观提供持续设计和项目管理服务的公司。

占地 35 公顷的湖泊和公共开放空间内设有多座重要的线性湖畔公园。这里修设有可供休闲娱乐的环形道路、木栈道和连接阳光广场零售区、棉花树海滩和海洋的桥梁。其中一座大型的休闲娱乐公园已经建成，公园内还设有野餐和游乐设施。

住宅区的设计旨在通过纳入小型别墅、巷道和零地界区域来提高居住密度。这种城市形态对街景设计提出了更高的要求：设计团队通过设置树木和景观来减轻附近私人车道和沿街停车场对住宅区的影响；通过增加街道景观、修建小型口袋公园来填补不断缩小的建筑空间和私人开放空间，为住宅区居民提供更多的户外空间；制定街景植栽策略和树木保护措施，以将住宅施工人员施工活动有限空间的影响降至最低。

项目场地内的雨水会流入人工湖泊，最后汇入大海。市政委员会对项目场地释放的雨水的水质提出了严格条件。泰特专业工程有限公司 (Tate Professional Engineers) 为该项目设计了包括公园内被草木覆盖的大型洼地、生物滞留池和街区内狭小生物滞留箱在内的雨水处理系统。该项目需要创新的植被设计方案，以确保这些水处理装置很好地融入开放式公园的街道景观和景观特征。设计团队对适合栽植于砂层过滤介质中的大型植物类型进行精心挑选，以确保植物依然可以在干旱季节里茂盛生长。

这一位于马卢奇郡人口密集城市中心的高品质居住环境为阳光海岸带来了一种住宅开发的新形式，也为这个新型社区带来了强烈的视觉感触。

1

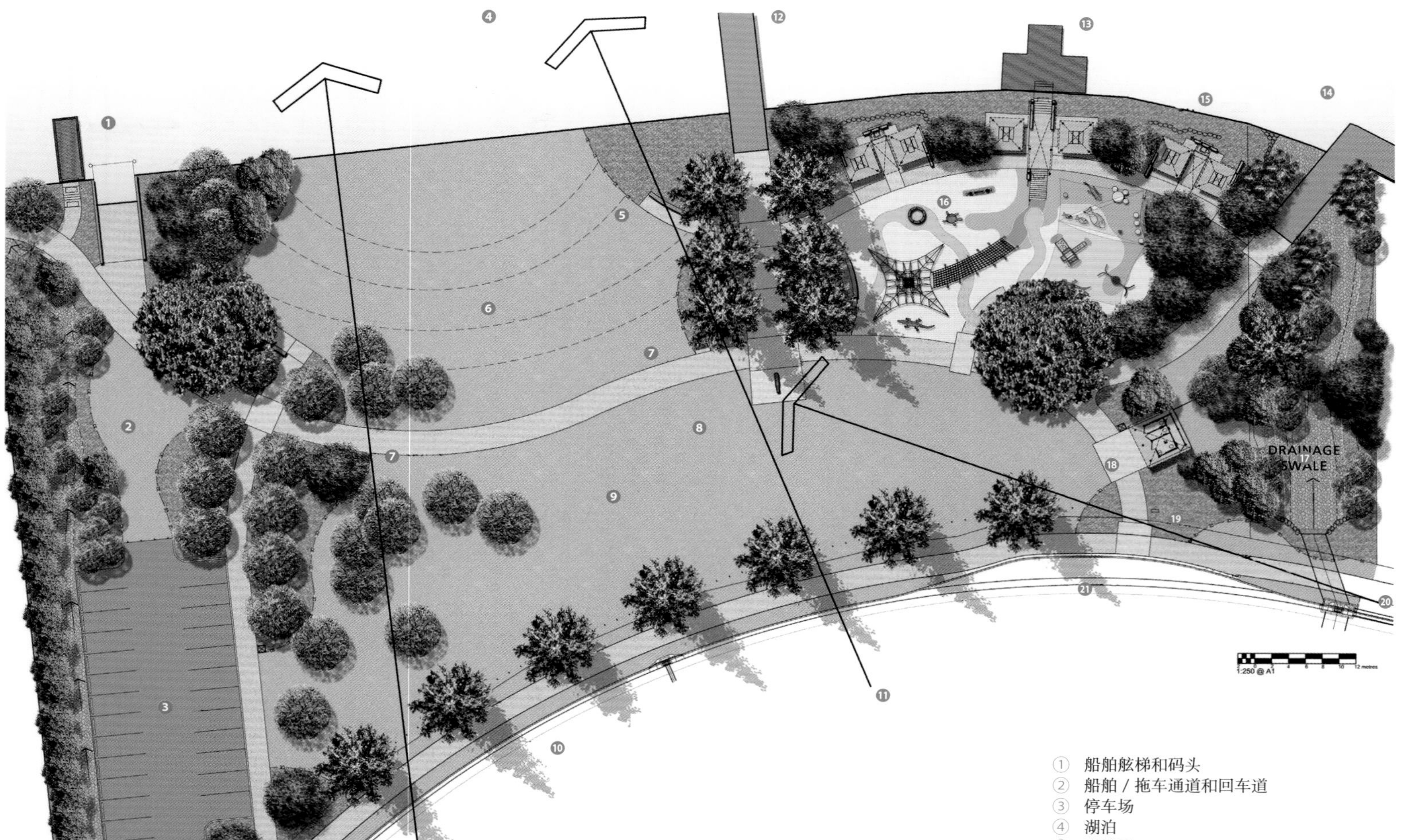

包括遮阳棚、公共设施和游乐场地在内的公共用地概念图

① 船舶舷梯和码头
② 船舶 / 拖车通道和回车道
③ 停车场
④ 湖泊
⑤ 座椅墙
⑥ 草坪露天剧场
⑦ 路边座椅
⑧ 马卢奇 / 艺术 / 特征元素
⑨ 草坪开放游乐场地
⑩ 肯宁南洋杉签名大道
⑪ 望向湖面景色
⑫ 湖畔线性公园的桥梁和商业中心
⑬ 湖边凉亭和码头
⑭ 木栈道
⑮ 野餐遮阳棚
⑯ 游乐场地
⑰ 排水洼地
⑱ 洗手间
⑲ 公园入口标志
⑳ 从进路望向公共用地
㉑ 公交车站

1－3. 水敏城市设计景观处理

① 座椅
② 开放空间方向标和地图
③ 主通路
④ 肯宁南洋杉林
⑤ 道路使用者可以越过洼地和低矮植物观赏湖面景致
⑥ 蜿蜒小路

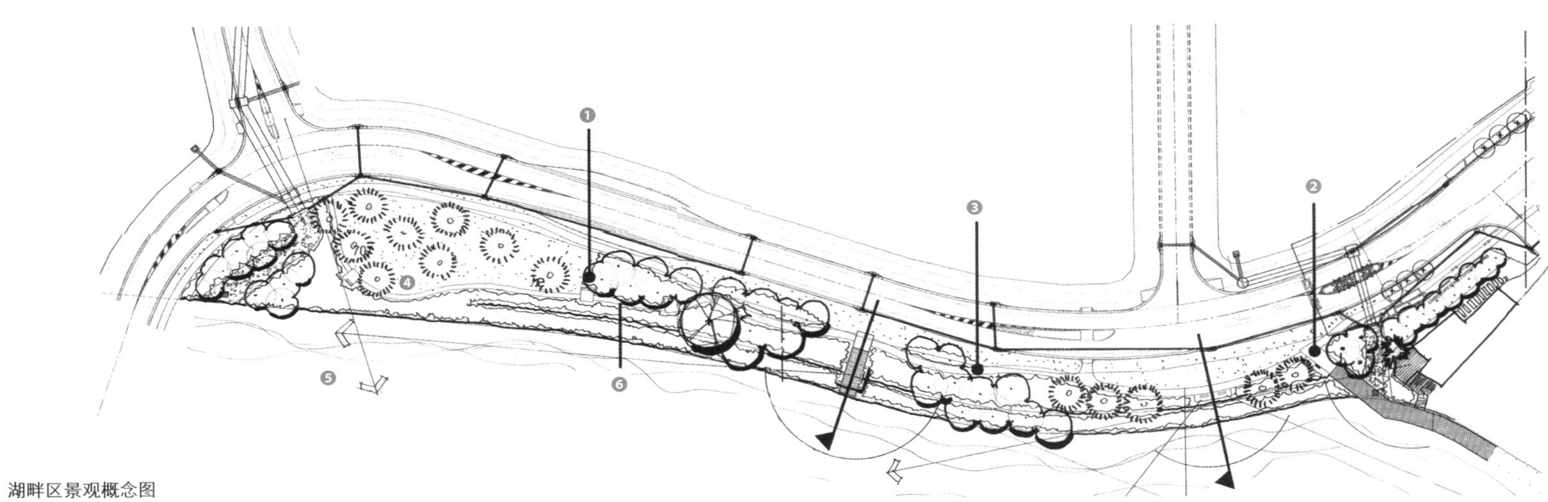

湖畔区景观概念图

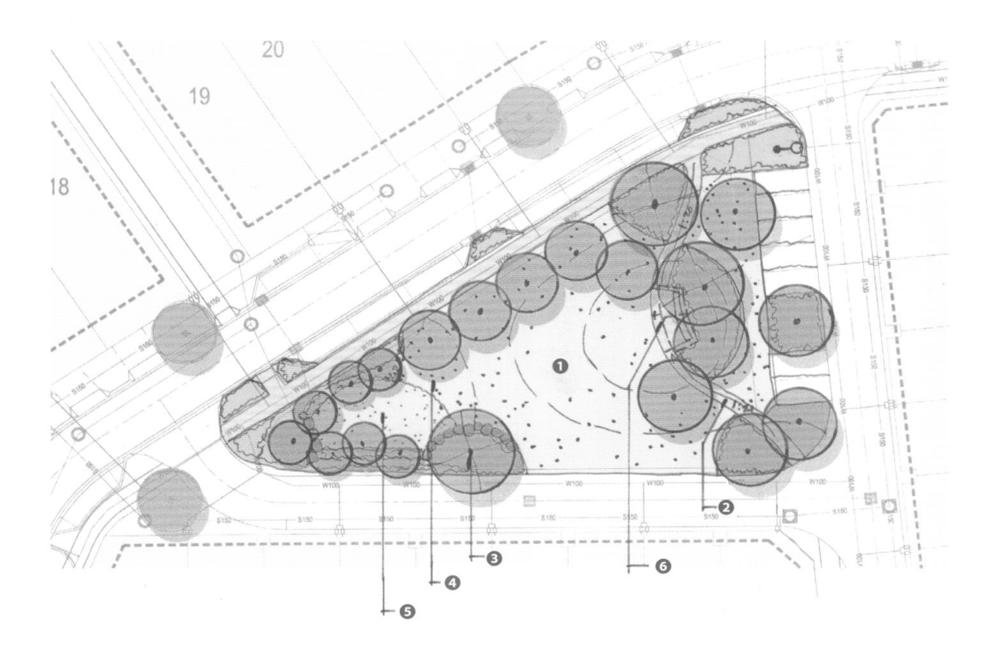

三角园区 - 景观概念图

① 草丘
② 小路
③ 园景树典型系统
④ 区草皮
⑤ Wsud 区
⑥ 遮阳结构 / 座椅墙

① 屋顶 / 树荫
② 长条座椅
③ 钢柱 / 钢梁
④ 木制桥梁 / 平台
⑤ 木制路缘
⑥ Wsud 区
⑦ 与现有材料相匹配的板石柱
⑧ 屋顶 / 树荫
⑨ 水沟 / 钢梁
⑩ 长条座椅

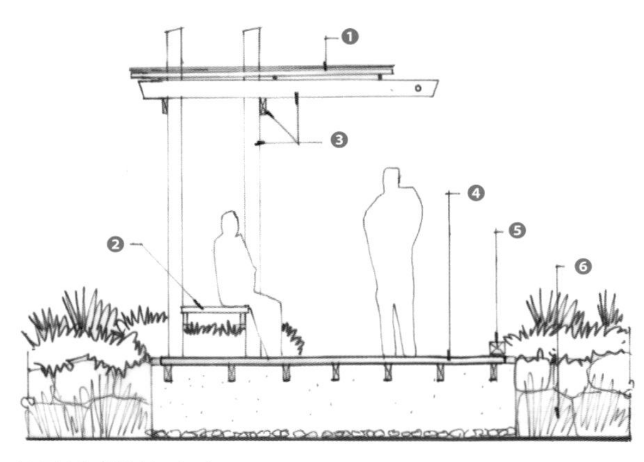

桥梁遮阳结构剖面概念图

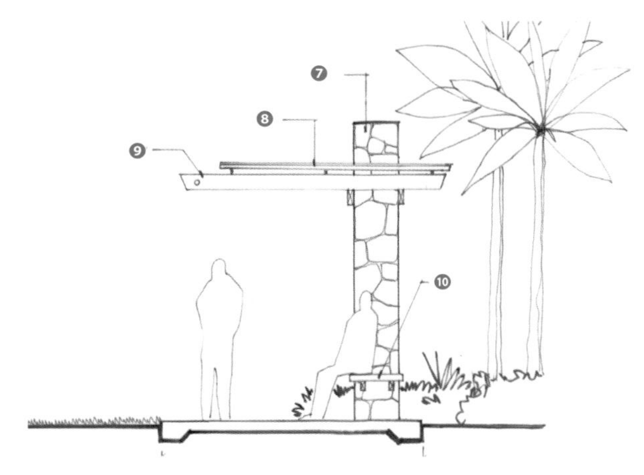

设有座椅的遮阳结构剖面概念图

林荫道公园概念图

① 入口凉亭
② 小路
③ Wsud 区
④ 保留下来的巨石
⑤ 桥梁座椅和遮阳结构
⑥ 小路
⑦ 入口凉亭 / 遮阳结构 / 座椅

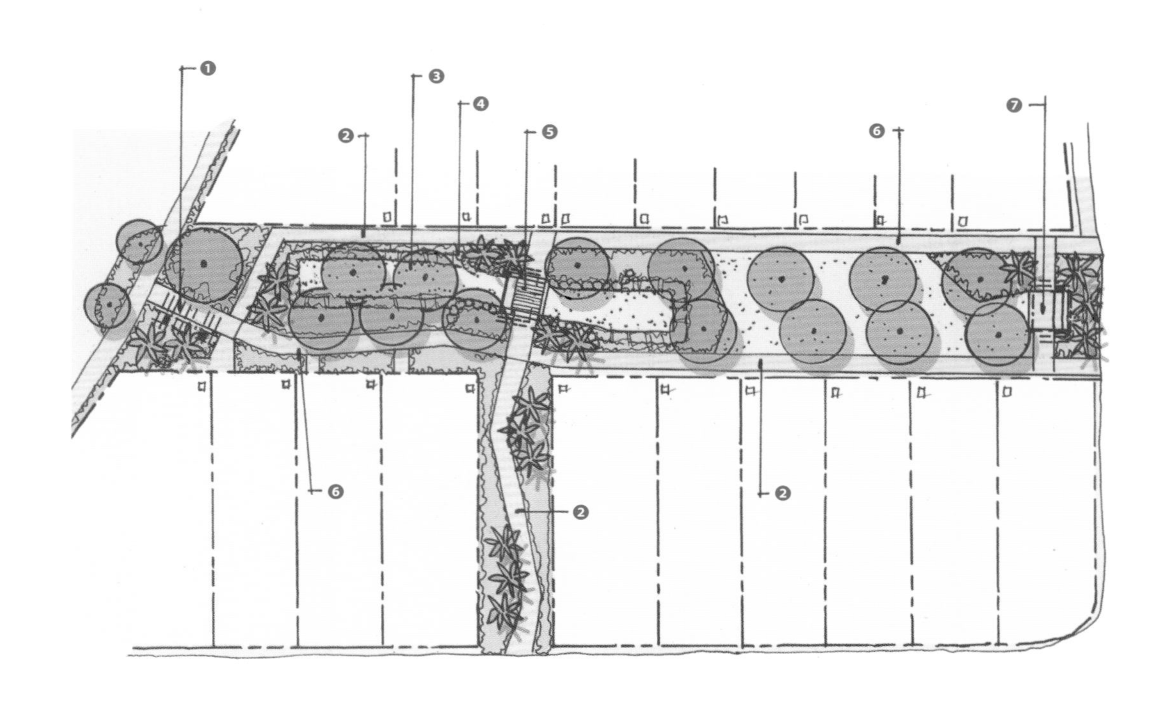

1. 公共用地内的景象
2. 街道植被

1
2

北区景观概念图 1

① 与即将建设的住宅区相连
② 草地开放空间
③ 这片区域保留下来的树林
④ 与现有住宅区相连
⑤ 码头处的船舶舷梯
⑥ 绿草地
⑦ 从平台观看湖边举办的活动
⑧ 肯宁南洋杉林
⑨ 人行天桥
⑩ 中央凉亭、屋顶和绿廊、野餐桌
⑪ 湖畔小路处的地被植物和灌木可以作为安全屏障
⑫ 木栈道
⑬ 土堆覆盖的屏障种植
⑭ 设有出入口的草皮维护通道
⑮ 从植草平台活动空间可以俯瞰到湖面的景致
⑯ 开放性草坪游乐场地
⑰ 平台游乐设施
⑱ 如果地方议会有要求，需要设置护柱
⑲ 座椅墙
⑳ 肯宁南洋杉大道
㉑ 地表径流排水口
㉒ 屏障种植
㉓ 灌浆挡土墙，参考工程师提供的草图进行施工
㉔ 栽种有地被植物和低矮灌木的公园对面的肯宁南洋杉大道

1. 平台处的湖畔
2. 公共用地一角

北部景观概念图 2

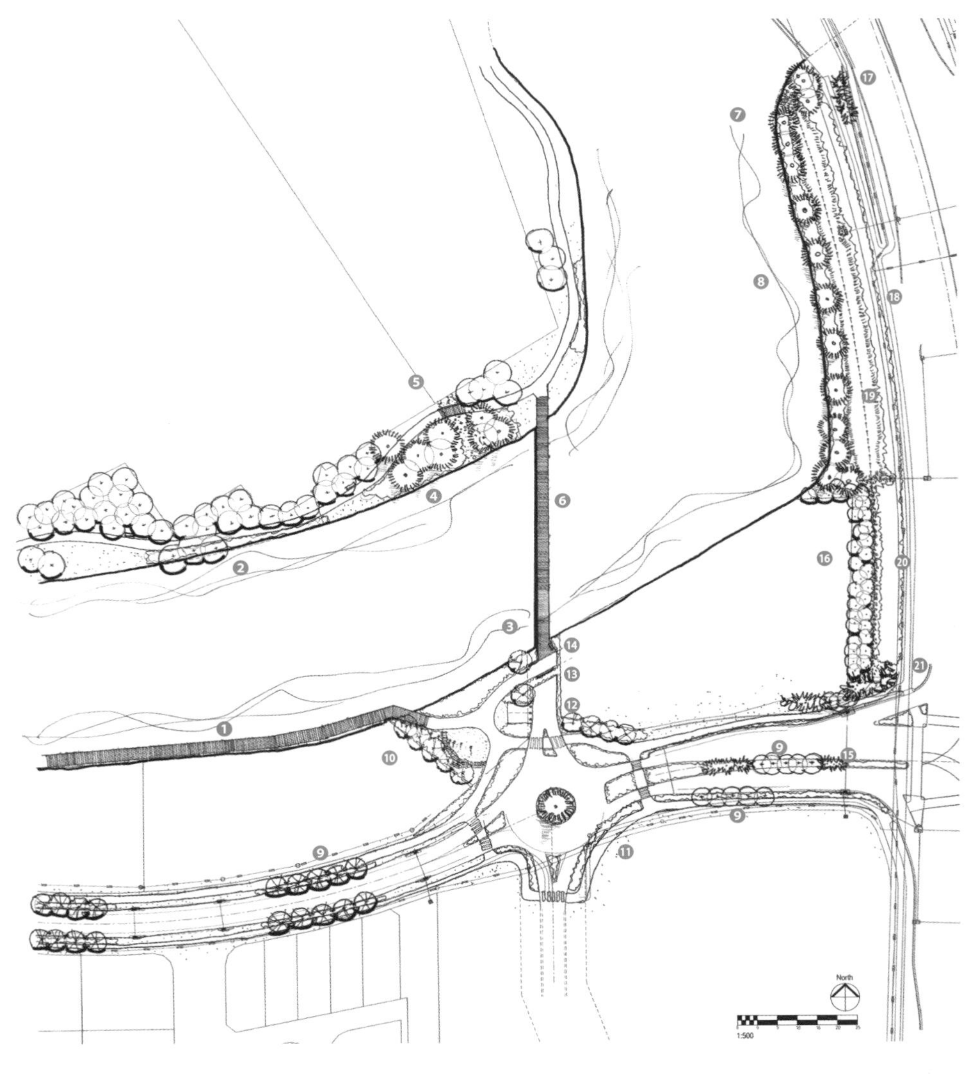

① 木栈道
② 湖畔小路处的地被植物和灌木可以作为安全屏障
③ 桥尾处的座椅
④ 肯宁南洋杉林
⑤ 1 号分区地表径流路径上方的道路桥梁或暗渠
⑥ 人行天桥
⑦ 肯宁南洋杉林
⑧ 湖畔肯宁南洋杉下面生长着地被植物
⑨ 行道树
⑩ 可以望见大坝和标志物的座椅
⑪ 环状交叉路口处的肯宁南洋杉
⑫ 维护车辆停车场
⑬ 低矮的导流墙
⑭ 与地块的潜在联系
⑮ 棕榈树
⑯ 茂密的屏障种植
⑰ 原有的棕榈树林
⑱ 从生态草沟蔓延至现有小路的地被植物和低矮灌木
⑲ 生态草沟底部的芦苇和急流
⑳ 生态草沟底部的石头
㉑ 与林荫大道上的现有树木相匹配的棕榈树林

圣玛丽希腊东正教会

早在 2009 年，当设计师开始与圣玛丽希腊东正教会探讨他们正在面临的排水问题、残疾人通道问题以及过时的景观问题时，他们还没有意识到，在接下来的两年内，一个全面的可持续项目将被开发出来。该项目涉及大面积的景观设施、公共设施、无障碍环境设施和雨洪改善设施，这些设施极大地改善了位于受损水体（卡尔霍恩湖）附近的教会都市园区的功能、外观和可持续性以及相邻的住房、自行车道和人行道。在整个项目中，设计团队通力合作，有效地完成了从场地评估到概念规划阶段的工作，制定出最终的设计方案、取得城市 / 流域批准、进行项目投标和施工管理直至项目竣工。

主要的场地改进措施包括栽种有原生树木，设置有雨棚、种植床和纪念碑的新建人行道以及各项雨洪最佳管理措施（BMPs）。雨洪最佳管理措施的多面网状系统有四个地下存储空间系统、透水铺面、一个渗透池、一个滞留池和五座雨水花园组成。在设计师们的努力下，这些雨洪最佳管理措施可以对 10 年降雨事件（24 小时内的降水量为 10.7 厘米）所产生的 96% 的雨水径流进行有效管理。如果在以前，这些雨水径流会一直在场地内滞留，无法得到处理和利用，如今却可就地存储、滞留和过滤，然后用作雨水花园的灌溉用水使用。这一项目显著地改善了场地的水质，其中包括减少 80% 的 悬浮固体物总量（TSS）和 65% 以上的磷含量。

多功能园区的改造工程完成后，教会成功地达到了“预结算”雨水环境状况，并解决了地基漏水问题，改善了交通流量，修设了完整的残疾人无障碍设施，景观床和教堂的入口通道也得到了大幅改善。这一项目将继续作为多功能绿色空间和资源型雨洪管理方面的杰出案例。

1

项目地点 |
美国，明尼苏达州，明尼阿波里斯市
占地面积 |
1.4 公顷
建成时间 |
2011
景观设计 |
Solution Blue
土木工程与景观建筑设计公司

委托方 |
圣玛丽希腊东正教会——教区委员会
摄影 |
Solution Blue 土木工程与景观建筑设计公司的米歇尔·库卡斯 (Mitchell Cookas)
所获奖项 |
明尼哈哈河流域区流域英雄“卓越开发”奖 (2011)
都市之花最佳教会雨水花园奖 (2012)

1 2 4
3

1. 新透水铺面
2. 指导地下管道施工
3. 新建雨水花园和教堂指示牌
4. 新建雨水花园和教堂正面

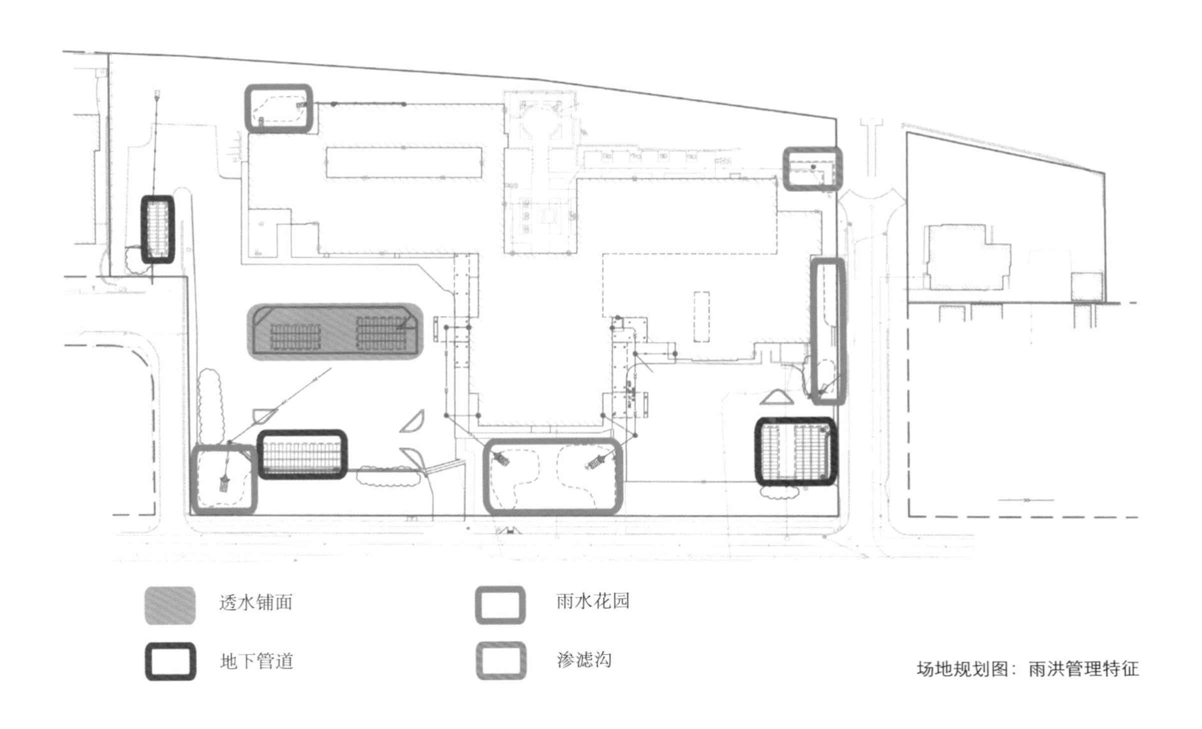

场地规划图：雨洪管理特征

1 2 3 4 5

① 304.8 毫米 × 228.6 毫米带状路缘
② 透水连锁块型混凝土铺面
③ 接合处用通过审批的材料填实
④ 终端横木下方详图包括衬垫安装
⑤ 2 级无纺布土工织物或通过审批的等效材料
⑥ S-29 型雨水管道或通过审批的等效材料
⑦ 移除原有土壤用水洗混凝土砂石替代，压实至标准普氏土密度的 85%

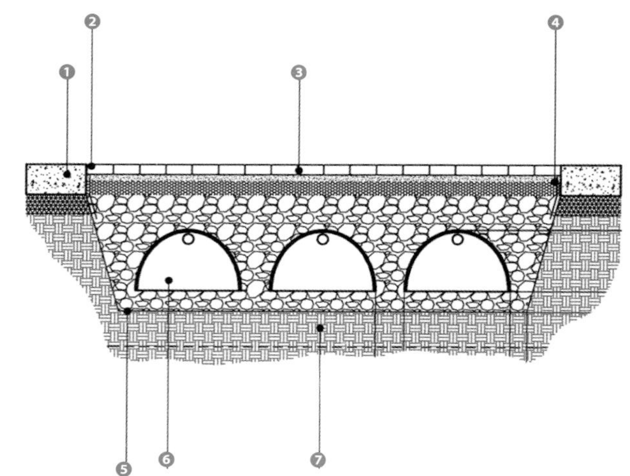

透水铺面停车场渗滤沟

渗滤沟

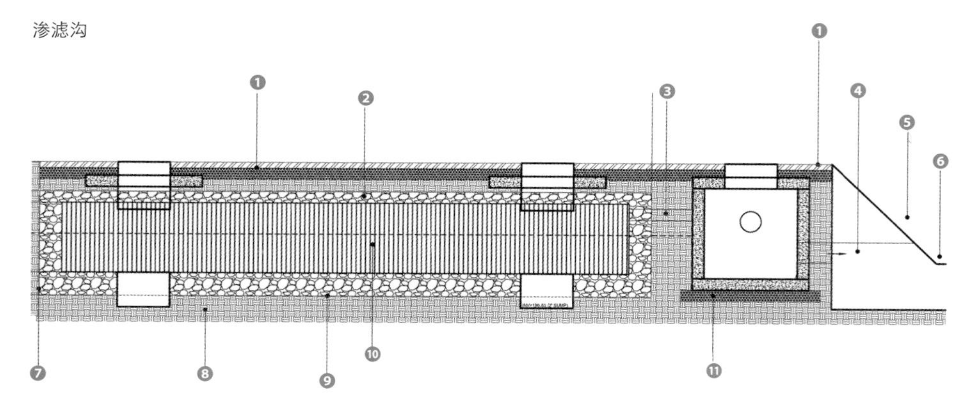

① 101.6 毫米厚的沥青
203.2 毫米厚的 5 级基层骨料
② 直径为 38.1 毫米至 76.2 毫米的水洗花岗岩或通过审批的等效材料
③ 直径为 152.4 毫米的 PVC SCH.80 雨水排水管
④ 304.8 毫米的 HDPE 管
⑤ 相邻的生物滞留池 19P-2
⑥ 能量耗散见详图 7/C7.6
⑦ 纵向斜率体现了最终产品，承包商需要确保沟槽的适用性和安全性，边壁坡需要进行长期维护
⑧ 通过审批的路基平坦，移除 304.8 毫米厚的原有土壤，压实至标准普氏土密度的 85%
⑨ 在水洗花岗岩和路基之间安装 ASHTO M288 2 级无纺布土工织物或通过审批的等效材料
⑩ S-29 型雨水管道或通过审批的等效材料
⑪ 152.4 毫米厚的 5 级基层骨料

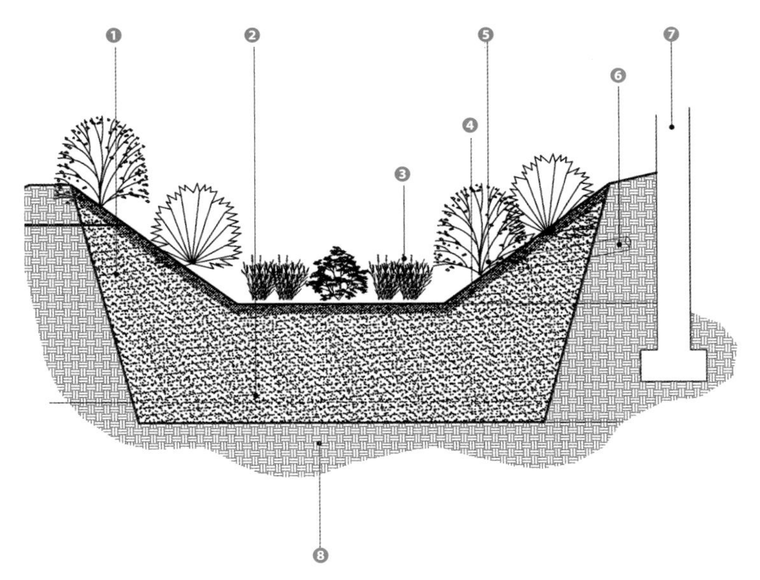

生物滞留池

① 剖面顶部 609.6 毫米
（水洗混凝土砂石 2 级混合肥料）
② 剖面底部 914.4 毫米水洗混凝土砂石
③ 生物滞留池植物品种详见景观规划
④ 76.2 毫米厚的碎硬木覆盖物
⑤ 能量耗散
⑥ 相邻停车场直径 304.8 毫米的管道
⑦ 原有建筑
⑧ 通过审批的路基，移除路基上方 304.8 毫米厚的原有土壤至标准普氏土密度的 85%

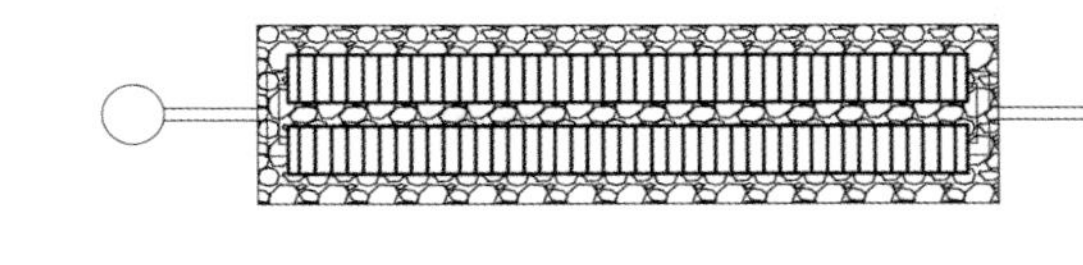

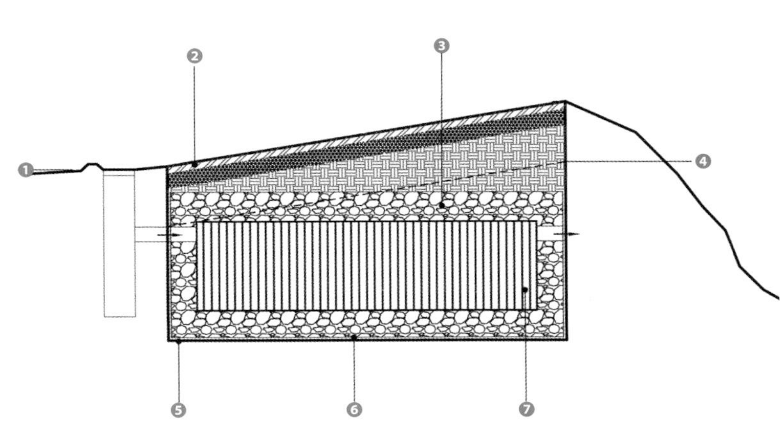

渗滤沟

① 76.2 毫米 × 914.4 毫米的沥青减速带将雨水倒入 CBMN-1
② 101.6 毫米厚的沥青与原材料相配的 203.2 毫米厚的 5 级基层骨料
③ 直径为 38.1 毫米至 76.2 毫米的水洗、压碎花岗岩或通过审批的等效材料
④ 57.5 米的 SP 土壤 +/- 靠近存储系统的滤污器
⑤ 通过审批的路基，移除路基上方 304.8 毫米厚的原有土壤至标准普氏土密度的 85%
⑥ 在花岗岩和路基之间安装 ASHTO M288 2 级无纺布土工织物或通过审批的等效材料
⑦ Triton S-29 型雨水管道或通过审批的等效材料

1. 指导地下管道施工
2. 指导透水铺面施工
3. 指导雨水花园铺面施工
4. 新设透水铺面和遮篷结构
5. 新建雨水花园和保留下来的橡树

海德公园湖泊修复项目

新的生物滞留系统大大地改善了海德公园的水质量，海德公园是珀斯最古老的刊载于宪报上的公园，也是西澳大利亚遗产委员会记录在册的一处具有重要文化意义的场地。

该项目对海德公园的两处湖泊进行了改造，并解决了淤泥和酸性硫酸盐土壤、水质和周期干涸等问题，重新打造了一处与公园原始设计相呼应的“田园风景”。

生物滞留系统设计用来对从海德公园分支汇入海德公园湖泊的流经小片流域的雨水进行治理。该项目还涉及大片的场地修复与景观美化工程，以便与公园的风格、传承意义及当地居民和使用者的审美情趣保持一致。

文森特市非常注重对于打造既美观又可反映公园状态的水质系统的需求。系统必须很好地融入到公园的整体示意图中，并可对低流动性降雨事件进行处理，从而使更多的持续且清洁的水源流入湖泊。另外，这也将大幅减少用于维持湖泊水位的地下水的数量。

雨水公园系统并不是标准的沉砂池，而是由三层生物滞留单元组成，并通过过滤介质控制雨水滞留和过滤。这一系统可以去除沉积物、氮和磷，并且可以滞留雨水，从而减少洪水事件的发生。过滤介质上栽种有当地的耐旱植物，它们能够抵御周期性洪水，其有力的根系也有利于营养物质的吸收，并可维持土壤的吸水性能。这一系统对来自近 130 公顷郊区的雨水进行了有效的处理。

通过运用创新型水质处理措施、雅致的美学设计和坚固耐用的施工脚手架，该项目将一个衰落中的水系统改造成了一处繁荣、富饶的水生环境。该项目还向人们展示了雨水花园系统是如何被改造成一个既能改善公园便利设施，又可减少市区洪水灾害的系统的。

项目地点 |
澳大利亚，西澳大利亚州，珀斯

建成时间 |
2013

占地面积 |
900 平方米

景观设计 |
GHDWoodhead 建筑事务所

委托方 |
文森特市

摄影 |
GHDWoodhead 建筑事务所

所获奖项 |
澳大利亚工程师协会，西澳大利亚分会工杰出奖——环境与小企业类别

1 | 2

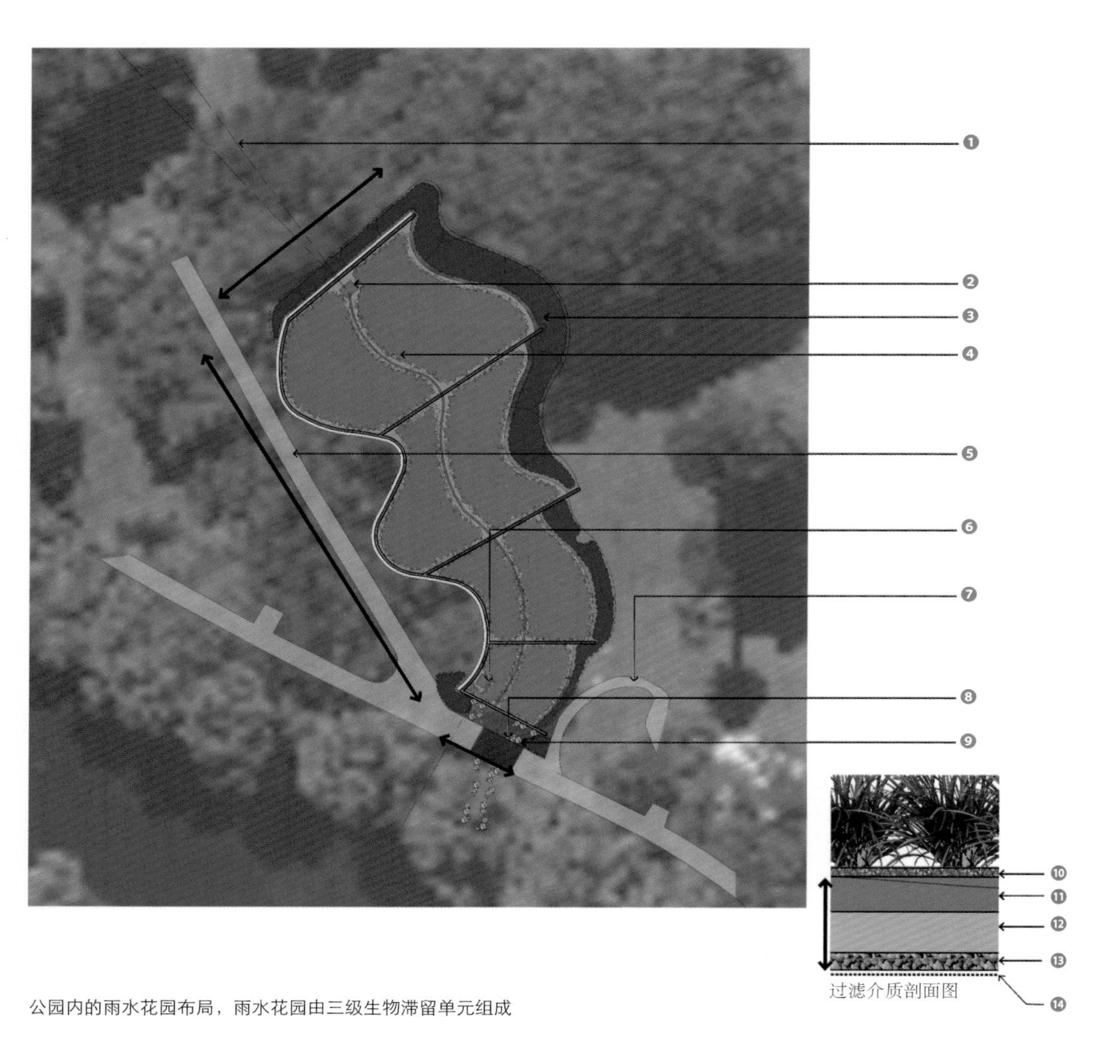

① 进水口引水管道
② 进水井
③ 内倾，植被坡度变化 1:2-1:4
④ 低水流量分布水道
⑤ 现有道路
⑥ 溢流井
⑦ 通往露天剧场的现有道路和开放空间
⑧ 拟建木制天桥
⑨ 巨石 / 向湖泊排水的低洼地
⑩ 石块覆盖物
⑪ 过滤介质（沙子）
⑫ 过渡层（含有碳源的沙子）
⑬ 碎石排水层（安装带有沟槽的 PVC 排水管道）
⑭ HDPE 衬垫

公园内的雨水花园布局，雨水花园由三级生物滞留单元组成

1. 生物滞留系统旨在通过雨水倒流对少量的集水进行处理
2. 植物根系发达，而且可以抵御周期性洪水

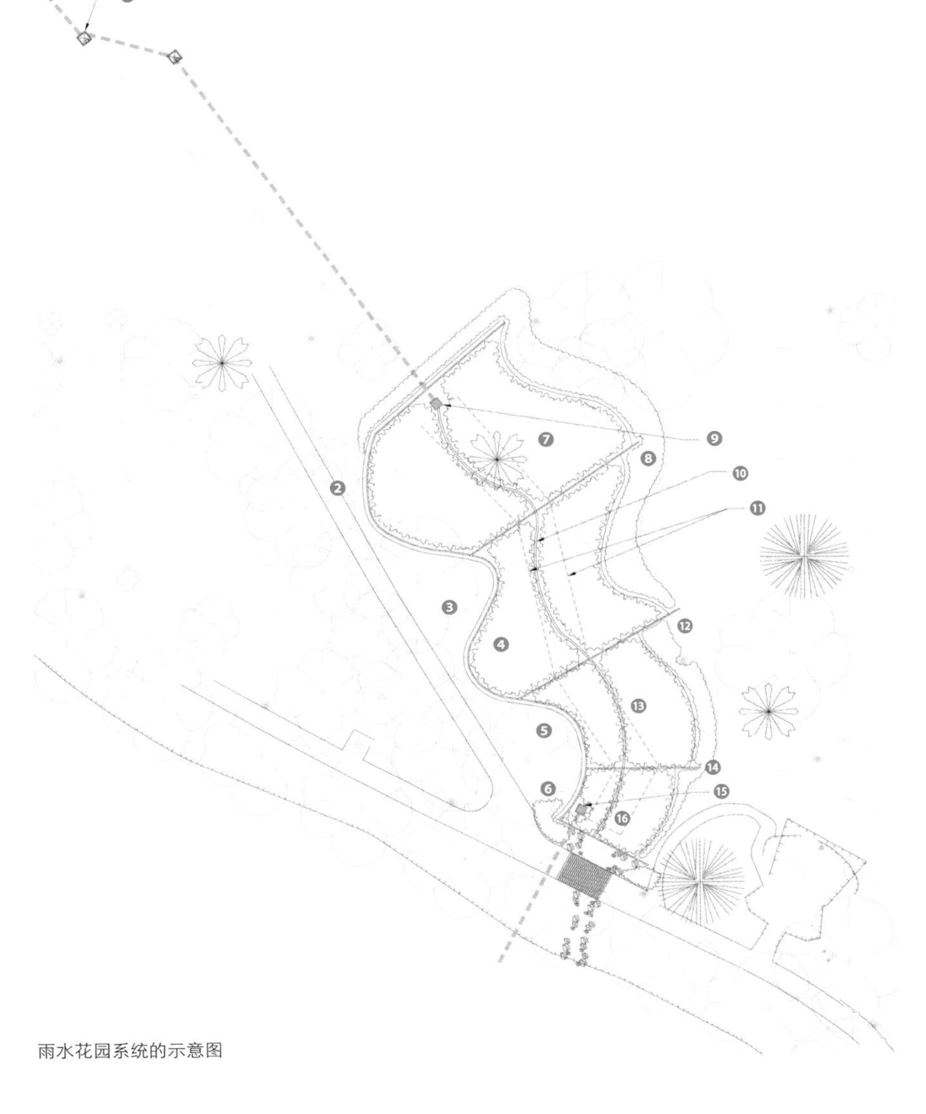

① 过渡井 -1200 毫米 × 1200 毫米
② 雨水花园墙壁层级 1-17.20TW
③ 雨水花园墙壁层级 2-16.80TW
④ 雨水花园层级 2-16.50TW
⑤ 雨水花园墙壁层级 3-16.00TW
⑥ 雨水花园墙壁层级 4-15.70TW
⑦ 雨水花园层级 1-16.80RL
⑧ 雨水花园堰墙层级 1-17.10TW
⑨ 雨水花园进水井 -900 毫米 × 900 毫米
⑩ 11.8 英寸 × 3.9 英寸（300 毫米 × 100 毫米）镀锌，槽钢，低流量分配器
⑪ 300 毫米带有沟槽的管道
⑫ 雨水花园堰墙层级 2-16.80TW
⑬ 雨水花园层级 3-15.70RL
⑭ 雨水花园堰墙层级 3-16.00TW
⑮ 雨水花园出水井 -1200 毫米 × 1200 毫米
⑯ 雨水花园层级 4-15.40RL

雨水花园系统的示意图

1. 雨水花园系统可以去除掉泥沙、氮和磷，并可滞留雨水以减少洪水危害
2. 雨水花园系统由三级生物滞留单元组成，并不是标准的沉砂池
3. 过滤介质上栽种有当地的耐旱植物

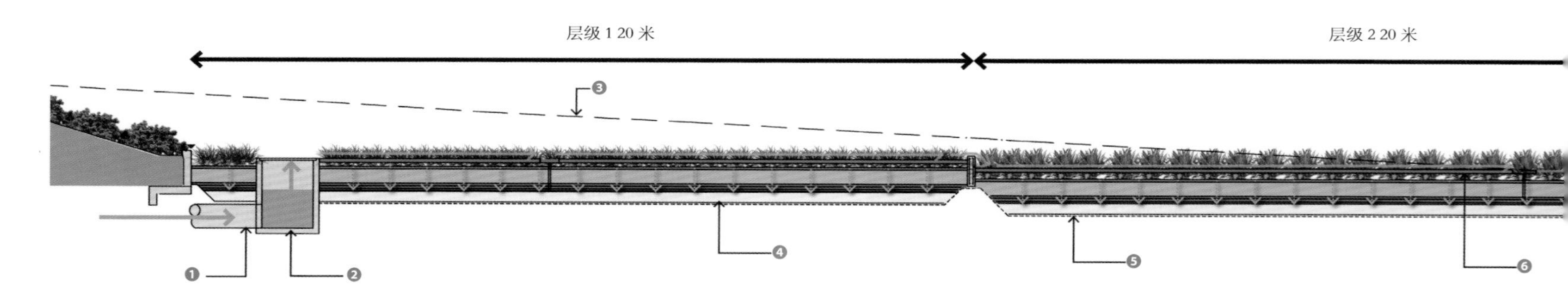

雨水花园横截面图

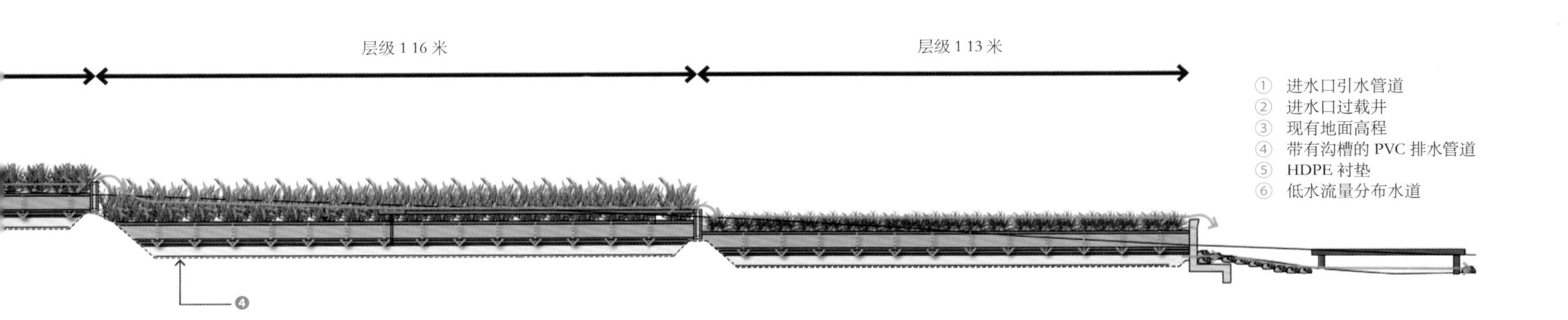
层级 1 16 米
层级 1 13 米
① 进水口引水管道
② 进水口过载井
③ 现有地面高程
④ 带有沟槽的 PVC 排水管道
⑤ HDPE 衬垫
⑥ 低水流量分布水道
4

6 土壤改良与智能节水技术

城市是人类活动的重要场所，随着社会生产的不断发展，城市化进程越来越快，人类活动量日益增加。在城市发展和建设过程中，虽然取得了很大成绩，但由于人口密度大、废弃物的堆积、环境设施不足、绿地的丧失及城市特有的气候特点等，使得城市生态环境受到破坏，园林绿化植物赖以生存的土壤发生了很大变化，自然土壤变成了独特的城市土壤，如污染严重、养分缺乏、性能下降，造成园林植物生长不良，园林绿化生态、景观等各种功能得不到充分发挥。

城市土壤特点

城市土壤的形成是人类长期活动的结果，主要分布在公园、道路、体育场馆、城市河道、郊区、企事业和厂矿周围，或者简单地成为建筑、街道、铁路等城市和工业设施的"基础"而处于埋藏状态。城市土壤与自然土壤、农业土壤相比，既继承了原有自然土壤的某些特征，又由于人为干扰活动的影响，使得土壤的自然属性、物理属性、化学属性遭到破坏，原来的微生物区系发生改变，同时使人为污染物进入土壤，形成了不同于自然土壤和耕作土壤的特殊土壤。

城市土壤结构凌乱

城市土壤土层变异性大，呈现岩性不连续特性，这导致不同土层的结构、质地、有机质含量、 pH 值、容重及与其有关的通气性、排水性、持水量和肥力状况有显著差异。城市土壤土层变异性大，土层排列凌乱，许多土层之间没有发生联系。此外城市生产和生活中常产生一些废物，如建筑和家庭废弃物、碎砖块、沥青碎块、混凝土块等，需要进行处理，其中填埋是处理废物的常用方法，其和自然土壤发生层的土壤碎块混合在一起，改变了土层次序和土壤组成，也影响了土壤的渗透性和生物化学功能。

城市土壤紧实度大，通透性差

紧实度大是城市土壤的重要特征。城市中由于人口密度大，人流量大，人踩车压，以及各种机械的频繁使用，土壤密度逐渐增大，特别是公园、道路等人为活动频繁的区域，

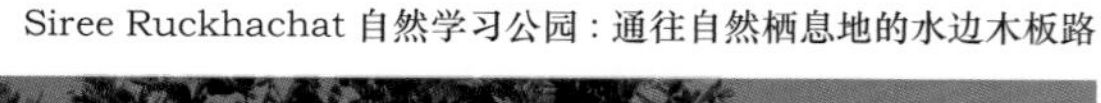
Siree Ruckhachat 自然学习公园：通往自然栖息地的水边木板路

Siree Ruckhachat 自然学习公园：植物在宿舍旁边修复后的土壤上繁茂地生长

土壤容重很高，土壤的孔隙度很低，在一些紧实的心土或底土层中，孔隙度可降至 20% ～ 30% ，有的甚至小于 10% 。压实导致土壤结构体破坏、容重增加、孔隙度降低、紧实度增加、持水量减少。

此外，土壤紧实度大还会对溶质移动过程和生物活动等产生影响，从而对城市的环境产生显著的影响。如城市公园游人较多，地面受到践踏，土壤板结，透气性降低，有的树干周围铺装面积过大，仅留下很小的树盘，影响了地上与地下的气体交换，使植物生长环境恶化。城市土壤容重大、硬度高、透气性差，在这样的土壤中根系生长严重受阻，根系发育不良甚至死亡，使园林植物地上部分得不到足够的水分和养分，长期这样下去，必然导致树木长势衰弱，甚至枯死。

城市地面硬化造成城市土壤与外界水分、气体的交换受到阻碍，使土壤的通透性下降，大大减少了水分的积蓄，造成土壤中有机质分解减慢，加剧土壤的贫瘠化；根系处于透气、营养及水分极差的环境中，严重影响了植物根系的生长，园林植物生长衰弱，抗逆性降低，甚至有可能导致其死亡。

城市土壤 pH 值偏高

城市土壤向碱性的方向演变， pH 值比城市周围的自然土壤高，并以中性和碱性土壤所占比例较大。土壤反应多呈中性到弱碱性，弱碱性土不仅降低了土壤中铁、磷等元素的有效性，而且也抑制了土壤中微生物的活动及其对其他养分的分解。例如河南太昊陵内由于土壤中含有石灰及香灰等侵入物,许多古柏根部土壤的 pH 值在 8.5 左右，使古柏长势衰弱，亟待进一步采取有效措施改善其生长环境，促进古树健壮生长。而某些工业区附近可出现土壤的强酸性反应。

城市土壤固体入侵物多，有机质含量低，矿质元素缺乏

由于城市土壤很多是建筑垃圾土，建筑土壤中含有大量建筑后留下的砖瓦块、砂石、煤屑、碎木、灰渣和灰槽等建筑垃圾，其常常会使植物的根无法穿越而限制其分布的深度和广度。土壤中固体类夹杂物含量适当时，能在一定程度上提高土壤（尤其是黏重土壤）的通气透水能力，促进根系生长；但含量过多，会使土壤持水能力下降，缺少有机质。例如卓文珊等对广州市 7 个功能区绿地土壤肥力进行了研究，结果表明与自然土壤相比，城市土壤有机质和全氮含量偏低，磷含量则略高，土壤肥力以新居住

区为最好，其次为公园，其后依次为老工业区、新开发区、老居住区、交通区、商业区。

城市土壤生物

城市化的发展使得原有自然生境消失取而代之的是沥青、混凝土地面和建筑物等人工景观。城市土壤表面的硬化、生物栖息地的孤立、人为干扰与土壤污染的加重等，造成城市土壤生物群落结构单一，多样性水平降低，生物的种类、数量远比农业土壤、自然土壤少，且受到病原生物的侵染，危害人体健康。

对于植物景观来说，土壤的持水性能是否良好也决定了景观耗水和耗电的多少。因此，在配置了大量植物绿地的景观设计中，有针对性地对土壤进行改良，提升其持水性能，也是减小景观能耗的有效措施。

土壤的持水性是指土壤吸持水分的能力。土壤吸持水分是由土壤孔隙的毛管引力以及土壤颗粒的分子引力所引起的。这两种引力统称为土壤吸力，也叫基质吸力。水分是天然土壤的一个重要组成部分，它不仅影响土壤的物理性质，制约土壤中养分的溶解、转移和微生物活动，也是构成土壤肥力的一个重要因素。

影响土壤持水能力的因素

土壤的持水能力受到很多种因素的影响，主要包括土壤结构、土壤总孔隙度、毛管孔隙度、土壤有机质、土壤粉粒含量、土壤粘粒含量、土壤盐分等。在自然条件下，盐分含量高的土壤，其持水能力较差。在这些因素当中，土壤孔隙度和黏粒含量是其主要影响因素，针对土壤持水性能的改善往往也是从这两个方面入手的。

土壤结构是维持土壤功能的基础。土壤结构是在有矿物颗粒和有机物等土壤成分参与下，在干湿冻融交替等自然无力过程作用下形成不同尺度的多孔单元，具有多层次性。

土壤持水性与土壤黏粒含量、黏粒比表面关系密切。黏粒是土壤中最为活跃的重要组成部分，对土壤的持水性有着很大的影响。根据研究，土壤黏粒含量越多，黏粒比表面越大，其含有的电荷量越多，从而可以吸引更多的水分子。土壤的持水能力也会因此得到很大的提高。

土壤的总孔隙度也对土壤持水能力有一定的影响。土壤水分是植物生长的一个重要条件，水分条件依赖土壤的结构状况，而土壤结构又是土壤的重要物理性质之一。土壤的总孔隙度如果处于合理的数值范围内，就会提高土壤的持水能力。根据研究，土壤孔隙度越大，其持水能力就越差；而孔隙度太小，也会阻止水分地进入，降低土壤的持水能力。

土壤持水性能的改良

目前较为流行的土壤持水性的改良手段主要可以分为三种，即土壤免耕、秸秆覆盖，土壤混合法，使用保水剂。土壤免耕、秸秆覆盖的效果好、简单易行，但主要是针对耕地进行的，在此不做详谈。以下将针对土壤混合法和使用保水剂的方法进行简单介绍。

土壤混合法

土壤混合法是把持水能力较强的土壤与持水能力较差的土壤相混合，充分改善土壤的物理结构，从而实现持水的目标。在学者庄季屏的研究中，以土壤干密度、膨润土掺叠和黏性土掺量为因素，设计正交实验研究了膨润土与黏性土符合对沙土持水性和保水性的作用。研究表明，沙土持水率随着干密度的增大而减小，随着膨润土和黏性土掺量的增加而增大，最优组合为干密度 1.3 克 / 毫升、膨润土掺量 6%、黏性土掺量 20%，各因素对持水率影响的主次顺序为干密度、黏性土掺量和膨润土掺量；从总体上看，沙土保水性随着干密度和膨润土掺量的增大而增大，随黏性土掺量的增加先增大后减小，黏性土最优掺量为 15%，就保水性而言，最优组合为干密度 1.5 克 / 毫升、膨润土掺量 6%、黏性土掺量 15%，各因素对保水性影响的主次顺序前期为膨润土掺量、干密度和黏性土掺量，后期为膨润土掺量、黏性土掺量和干密度；综合考虑持水率和保水性，最优组合为干密度 1.4 克 / 毫升、膨润土掺量 6%、黏性土掺量 15%。膨润土和黏性土能显著提高沙土的持水性和保水性。

使用保水剂

土壤保水剂是利用强吸水性树脂制成的一种超高吸水保水能力的高分子聚合物。它能迅速吸收比自身重数百倍甚至上千倍的水分，同时保持住水分。保水剂具有高度的亲水性，但自身并不溶于水，而且具有反复吸水的功能。保水剂吸水膨胀后成为水凝胶，可以缓慢释放水分供作物吸收利用，从而增强土壤的持水性能，改良土壤结构，提高水分利用率。

Siree Ruckhachat 自然学习公园：土工织物张力用于稳固和增加土壤承载能力、土壤填充物和土壤改良剂，为植物提供营养，使植物根系长得更深

海利广场

马尔默市海利区举办的新广场设计大赛以山毛榉的学名“Fagus”为主题。该项目的设计理念是在广场上种植一片山毛榉树，将其打造成一座山毛榉森林广场。山毛榉树是当地的特有树种，这座山毛榉森林广场将为这个平淡无奇的场地增添地域性特征，而山毛榉树将成为新广场的标志。

令人遗憾的是，大赛的设计理念有些脱离实际：在项目场地的环境状况下，山毛榉树无法成活——它们需要帮助。在自然状态下，山毛榉树的生长需要疏松的土壤，以在植物根部进行氧气和二氧化碳的交换，让山毛榉树的根系畅快呼吸。此外，还需不断地翻动林地覆盖物，让山毛榉树从森林中特有的有机碎屑中汲取养分。事实上，山毛榉树对干旱非常敏感。设计团队需要努力应对上述挑战，因为设计大赛的主题已定，而且设计的宗旨不可再度协商。设计团队为此展开了重要的生物调研工作，专家们共同努力设法找到一种可以让海利区山毛榉树林成活的高科技解决方案。

首先，设计团队修设了一个巨大的种植床，其规模与上方的森林广场等同。这片土层由 80 厘米厚、足球大小的大卵石构成的基层和结构性土壤组成，其中的 60% 为空腔。这个结构层内填充有护根层。随后，设计团队在种植床上方修设了由高密度瑞典花岗岩铺砌而成的广场，广场面积可达 1.2 公顷。广场上的每一块铺地石长 2 米、宽 1 米、厚 12 厘米，且均带有锯边和保温饰面。设计团队以横竖两个方向对这些花岗岩石块进行铺装。在这个用花岗岩铺砌而成的广场内，设有 12 个平行的狭长切口，每个切开中均种植了二、三棵或四棵山毛榉树。每个切口种植池中的泥土都与轻石和菌根混杂在一起；轻石是一种火山喷出岩，具有出色的保湿能力；而菌根是由蘑菇和树根组成的有生命的共生体，可以通过与树木共生，为树木定期补充养分。

这些山毛榉树共有 28 棵，每一棵都有 30 年的树龄。这些山毛榉树均来自柏林北部的苗圃，在经过现场缠裹包装和根部冷冻处理后被运送到了马尔默。每个树干上的蓝点记录着这棵树在苗圃中的朝向，这一信息对于树木成功地移植到瑞典具有重大的意义。每棵树的树皮内都装有传感器，记录着细胞内液体的每一刻流动。天然森林中的树木很少能获得如此待遇，这些山毛榉树是名副其实的“温室婴儿”。

山毛榉树交错分布，在广场上留出了多处林间空地。林间空地的地面上设置有各式木制座椅。11 根 16 米高的桅杆两两成对地矗立于广场的四周，勾勒出广场的边界。总长 1800 米的钢丝绳悬挂在桅杆之间，其无序的式样好似一张蜘蛛网。钢丝绳上悬挂着 2800 个发光二极管，它们可以按照既定程序呈现四种季节性景象，为夜晚的广场打造不一样的“天空”。

项目地点 |
瑞典，马尔默市
建成时间 |
2011
占地面积 |
1.4 公顷
景观设计 |
托尔比约恩·安德森 (Thorbjörn Andersson) 和 Sweco 建筑事务所
设计团队 |
约翰·克里克斯特罗姆 (Johan Krikström)，玛丽安娜·兰德斯 (Marianne Randers)，佩格·希林格 (PeGe Hillinge)
顾问 |
尼克拉斯·厄德曼 (Niklas Ödmann，照明设计)
委托方 |
马尔默市
摄影 |
卡帕斯·杜科 (Kasper Dudzik)，Sweco 建筑事务所，罗伯特·契伦 (Robert Kjellen)，索恩·林德曼 (Åke E:son Lindman)，马尔默市政府

1. 该项目的设计理念是在广场上种植一片山毛榉树，山毛榉树是瑞典南部的特有树种
2. 四个巨大的水槽构成了北侧活动舞台的入口区域
3. 水从水槽的倾斜侧面溢出，水槽侧面镶嵌有墙面板一样的挪威石板

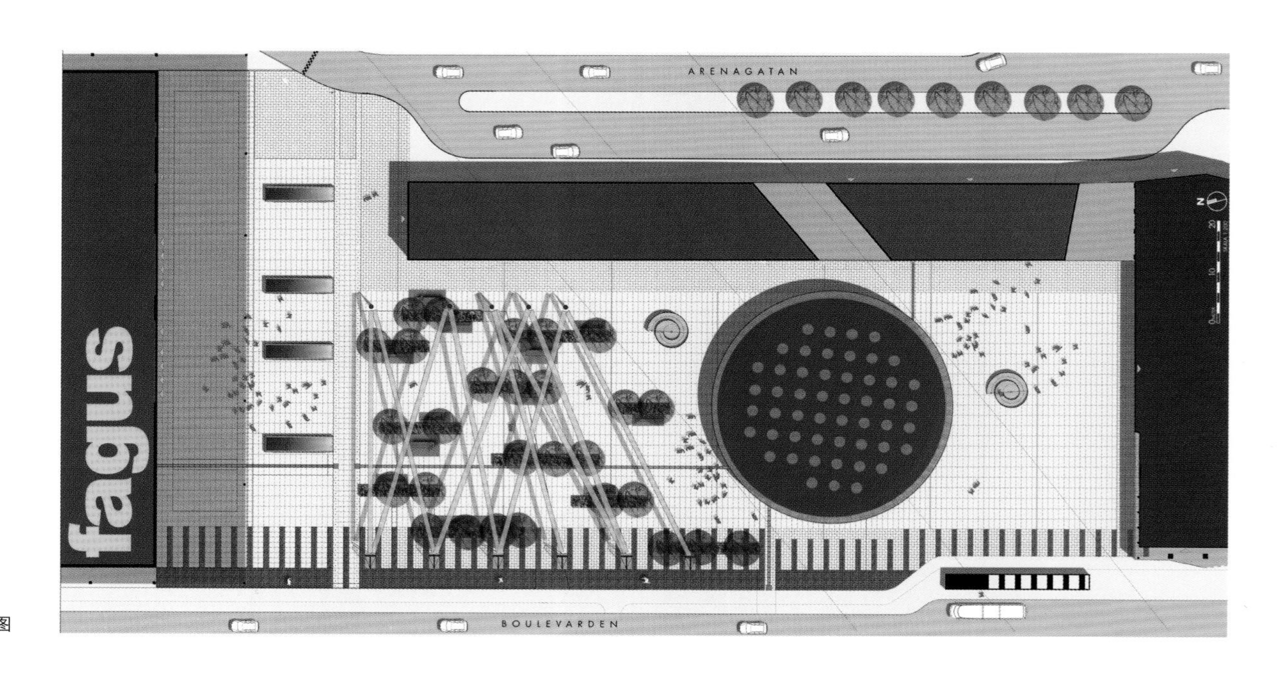

海利广场的场地规划图

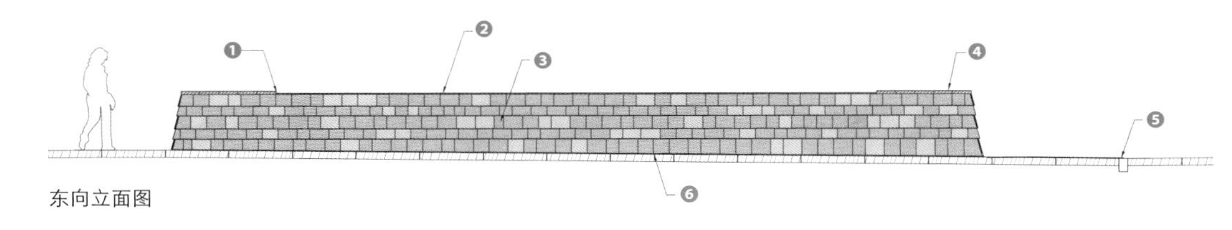

东向立面图

① 水边，起点
② 石板砖粗糙的切割面
③ 重叠安装的石板砖
④ 水景设施抬高的边缘
⑤ 线性排水
⑥ 最底排的石板砖与地面之间的距离应当为 30 毫米

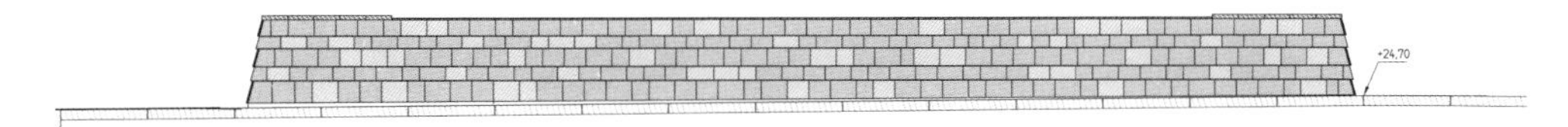

西向立面图

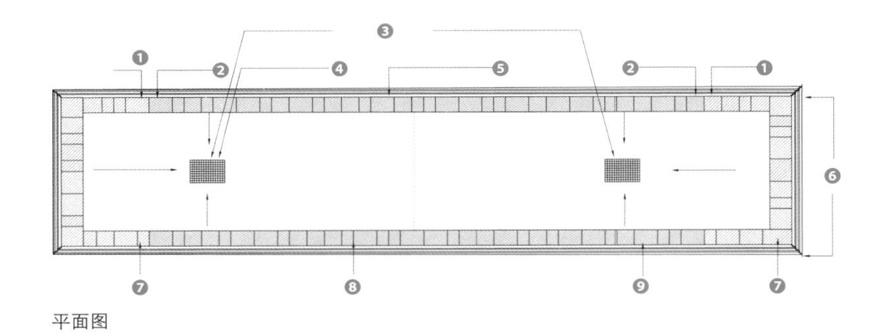

平面图

① 上边缘
② 有水流溢出的水槽边缘
③ 局部凹口
④ 尺寸为 400 毫米 × 600 毫米的金属格栅
⑤ 覆有石板的水槽边缘
⑥ 水景设施边缘
⑦ 石板砖，8 号，切割可见边缘
⑧ 有水流溢出的水槽边缘，石板砖，切割可见边缘
⑨ 溢流边缘水平 +25,65

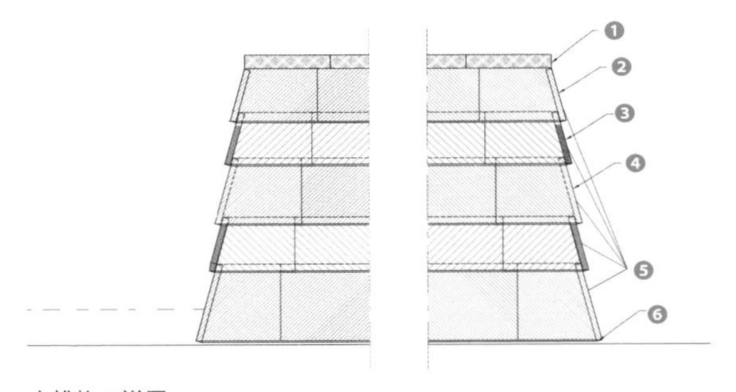

水槽施工详图

① 石板砖, 50 毫米, 切割边缘
② 水池角落的石板砖应当以它们的接合方式交替排列
③ 石板可见边缘
④ 石板隐藏边缘
⑤ 可见宽度
⑥ 石板边缘与地面之间的距离应为 10 毫米

南边施工草图

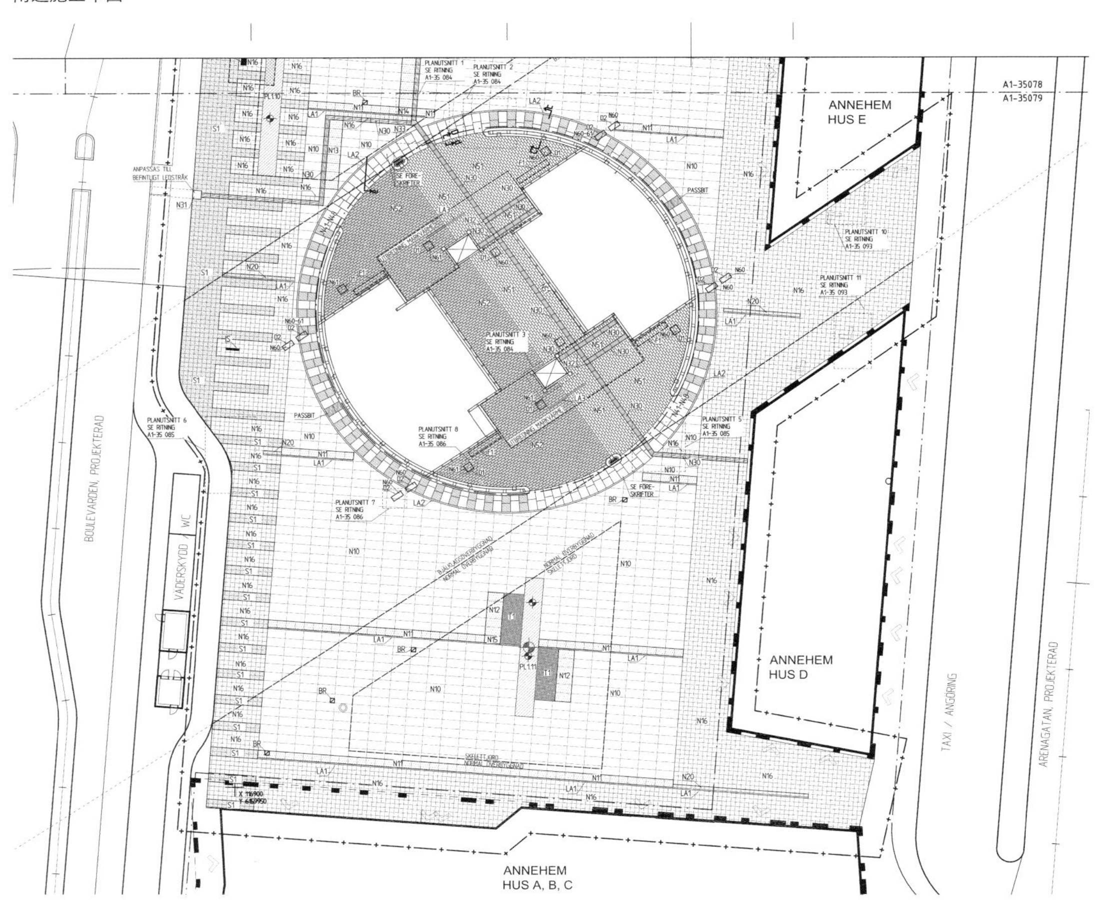

1. 柱子被设计成窄小的书架，柱子内部装有聚光灯
2. 秋天，山毛榉树的叶子变成了金黄色

① 加筋垫层
② 砂浆
③ 石板
④ 灯柱
⑤ 欧洲山毛榉树是分项合同的一部分
⑥ 欧洲山毛榉树篱是分项合同的一部分
⑦ 座椅
⑧ 底部木材表面
⑨ 土工织布
⑩ 碎石加筋垫层
⑪ 柏油路加筋垫层
⑫ 调整图层
⑬ 花岗岩
⑭ 额外的加筋垫层
⑮ 土工织网
⑯ 回填
⑰ 灯柱底部
⑱ 输送空气和水的地下管道
⑲ 树坑

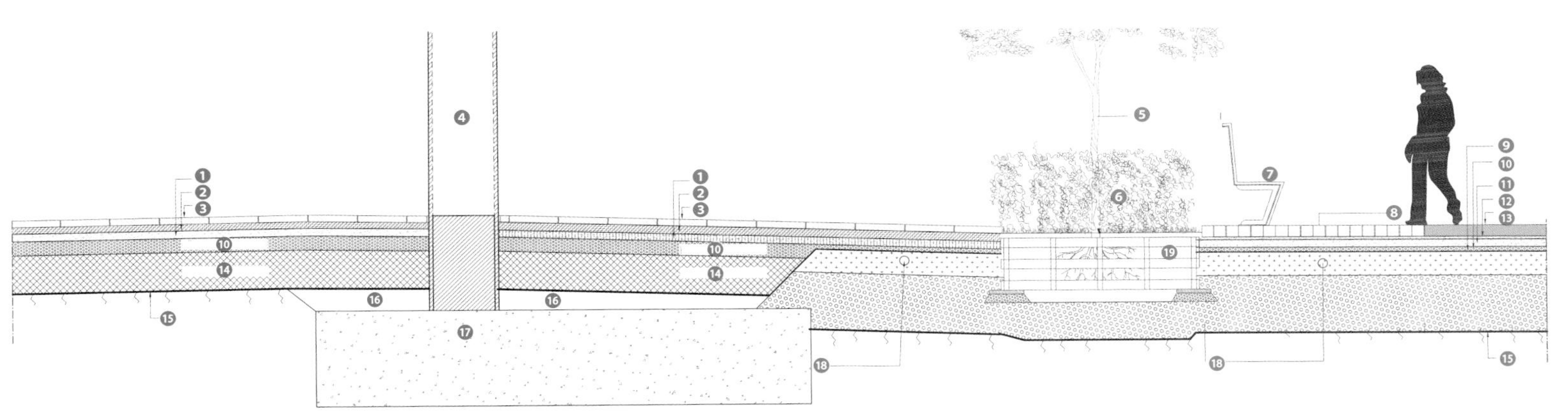

树坑和结构土壤剖面图

1－2. 在花岗岩地面的裂口处栽种树木
3. 公园座椅限定出社交活动区的范围，社交活动区本是林中空地

1|2|3

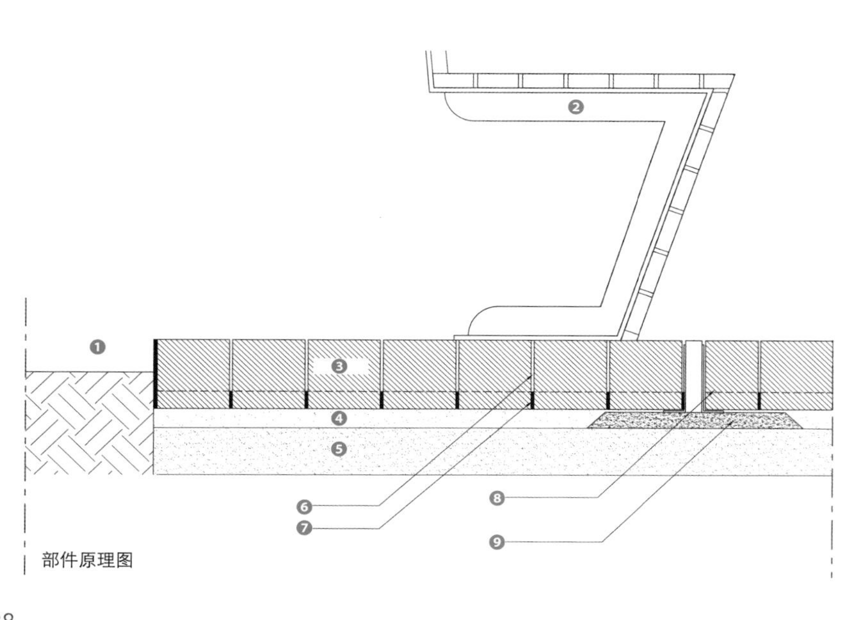

① 种植床
② 座椅类型“折纸”
③ 底部木材表面
④ 调整图层
⑤ 加筋垫层
⑥ 填缝
⑦ 铅板合金
⑧ 锯断靠近照明设备的树木
⑨ 混凝土底座

座椅底部和土壤层的剖面详图

① 碎石加筋垫层
② 柏油路加筋垫层
③ 调整图层
④ 底部木材表面
⑤ 多孔加筋垫层
⑥ 结构土壤
⑦ 土工织网
⑧ 水平调节
⑨ 树坑
⑩ 岩浆鹅卵石
⑪ 灯柱底部
⑫ 灯柱
⑬ 加筋垫层

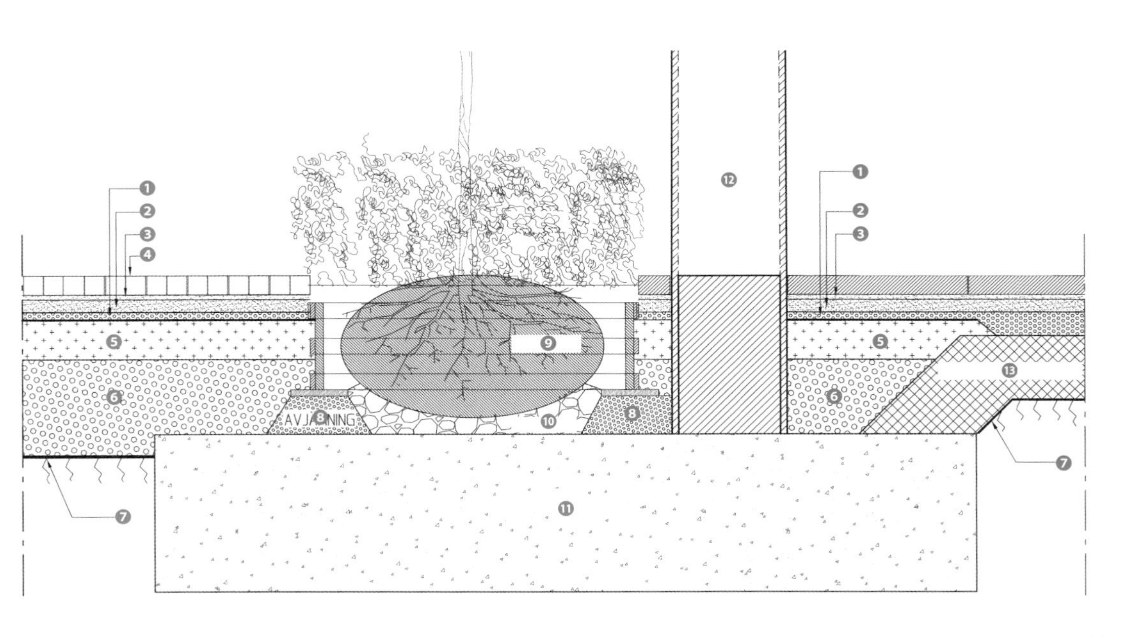

Siree Ruckhachat
自然学习公园

Siree Ruckhachat 自然公园是一个活跃的实验室，可供药剂学专业学生在此研习泰国的药用植物。另外，这座公园还具有其他功能：这里是泰国药用植物的采集和保护中心；研究项目所需的药用植物培植基地；大学药剂学专业学生、传统泰国医学专业学生及机构研究人员、健康专家和中小学生的泰国药用植物信息中心。

这座公园曾经是生长有 800 多种药用植物的保护区。

新公园由三个主要区域组成：药用植物学习中心、湿地和天然栖息地、药用植物基因研究与服务中心。设计理念是将活动设施融入场地原有的自然生态环境。而盐渍贫瘠土壤、地下水高水位、维护不足也是项目场地内急需改善的主要问题。

新公园的重新设计和规划采用了简单而智能的技术，用以对留存下来的关键性问题进行解决。设计团队采用土工织物张力薄板对土壤承载能力进行稳固和改善，填充土壤、改良土壤，用以增加土壤养分，加深植物扎根区。水位管理有助于降低地下水水位，增设暗沟以冲刷水流、稀释盐渍土壤。公园的开放将强化校园及其周边社区之间的联系，实现知识共享。除此之外，公园还可作为当地居民学习和放松的大型公共绿地使用。

项目地点 |
泰国，佛统府
建成时间 |
2014
占地面积 |
55.35 公顷
景观设计 |
Axis Landscape 事务所

委托方 |
玛希隆大学物理与环境学院
摄影 |
Mr. Anawat Pedsuwan, Mr. Ekachai Yaipimol, Mr. Niphon Fahkrachang, Miss Theemaporn Wacharatin

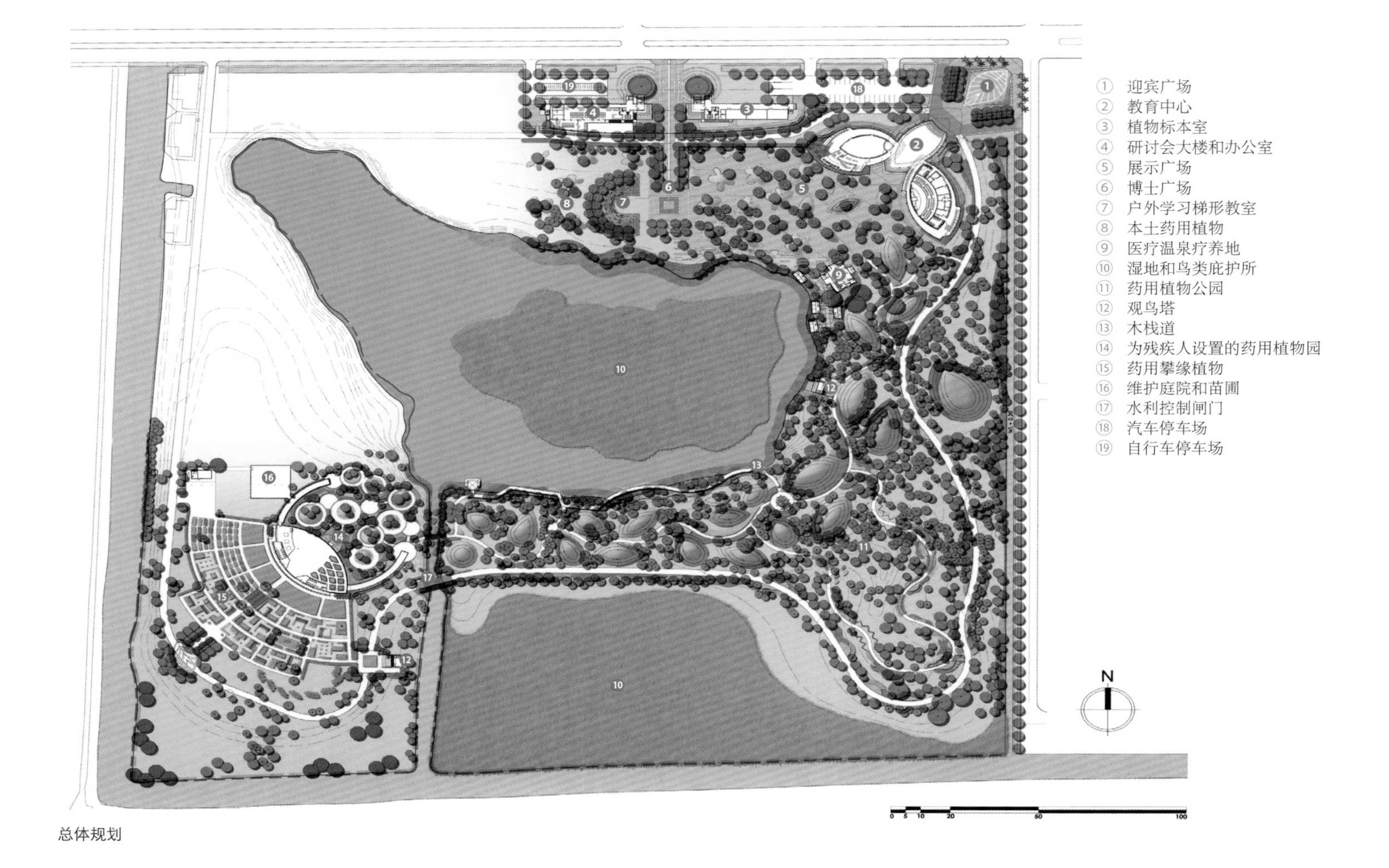

总体规划

① 公交车站
② 药用攀缘植物
③ 多功能草坪
④ 药用植物苗圃和厨房
⑤ 为残疾人设置的药用植物园
⑥ 湿地和鸟类庇护所

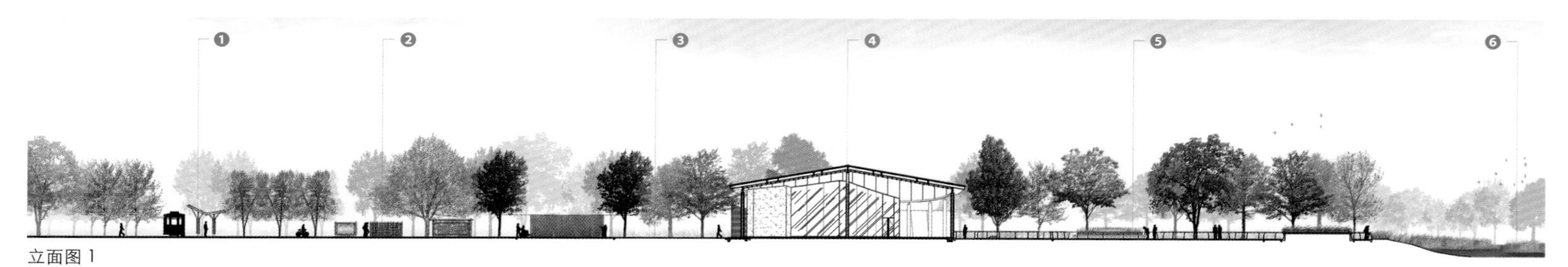

立面图 1

① 湿地和鸟类庇护所
② 展示广场
③ 教育中心
④ 迎宾广场

立面图 2

1/2

1－2. 1 号药用植物园内的植物展览

1. 沿水边而设的木栈道可以为使用者提供了解水生植物和自然栖息地的机会
2. 梯形教室，药用植物展示广场旁边的户外教室
3. 从植物展示区穿过的蜿蜒步道

① 地下水高水位和盐渍土导致的浮根
② 安装水控门以降低内池水位垃圾填埋池
③ 为树坑和植被区修设地下排水系统
④ 为特定植物类型设置后滨阶地以提供更大面积的根区
⑤ 提供优质土壤和养分
⑥ 用湿地植物保护水边，改善水池的生态系统
⑦ 通过灌溉和排水稀释土壤

水位管理示意图

1 | 2/3

① 展示广场
② 博士广场
③ 户外学习梯形教室
④ 本土药用植物

立面图 3

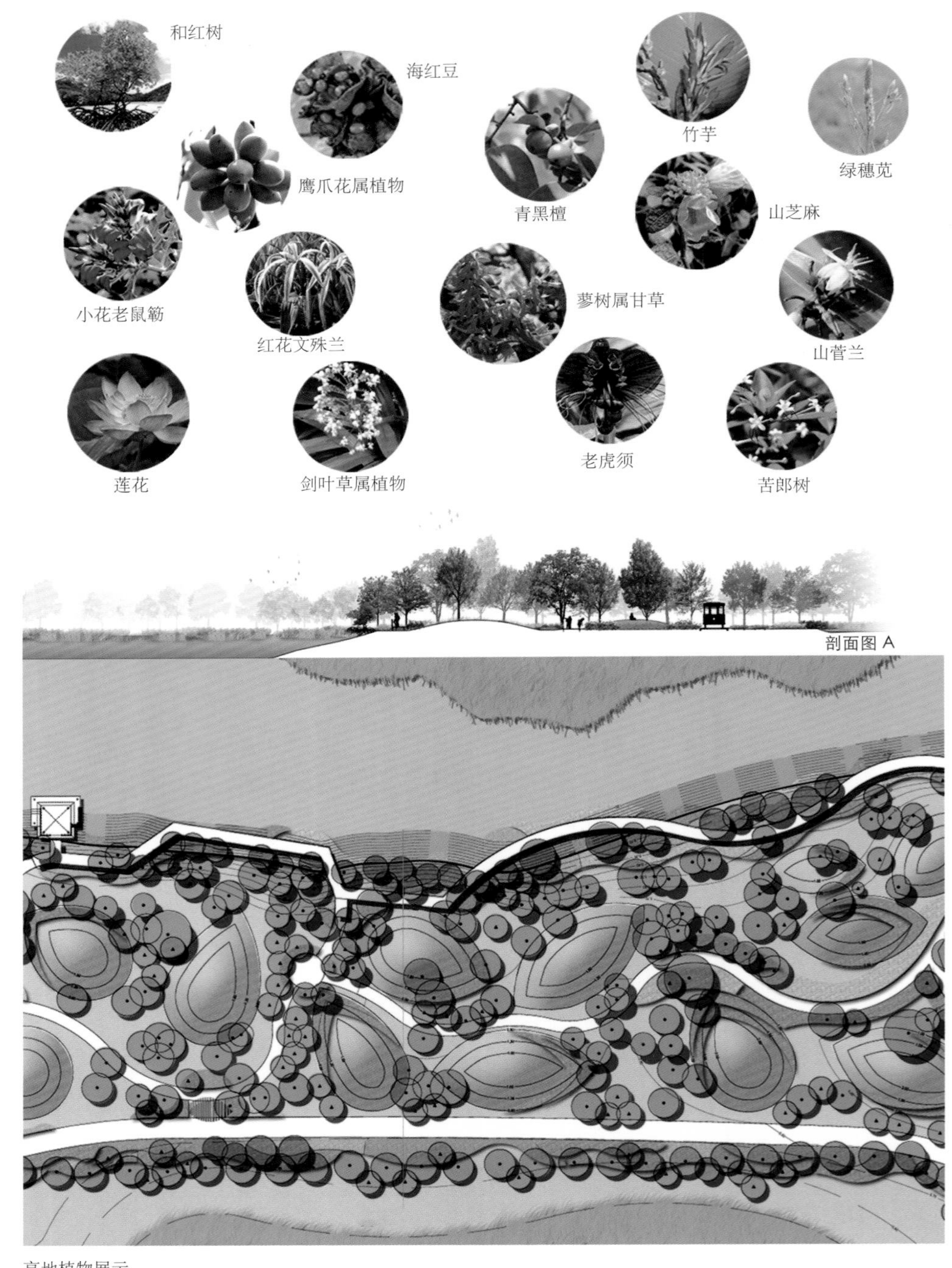
和红树
海红豆
鹰爪花属植物
青黑檀
竹芋
绿穗苋
山芝麻
小花老鼠簕
红花文殊兰
蓼树属甘草
山菅兰
莲花
剑叶草属植物
老虎须
苦郎树
剖面图 A

高地植物展示

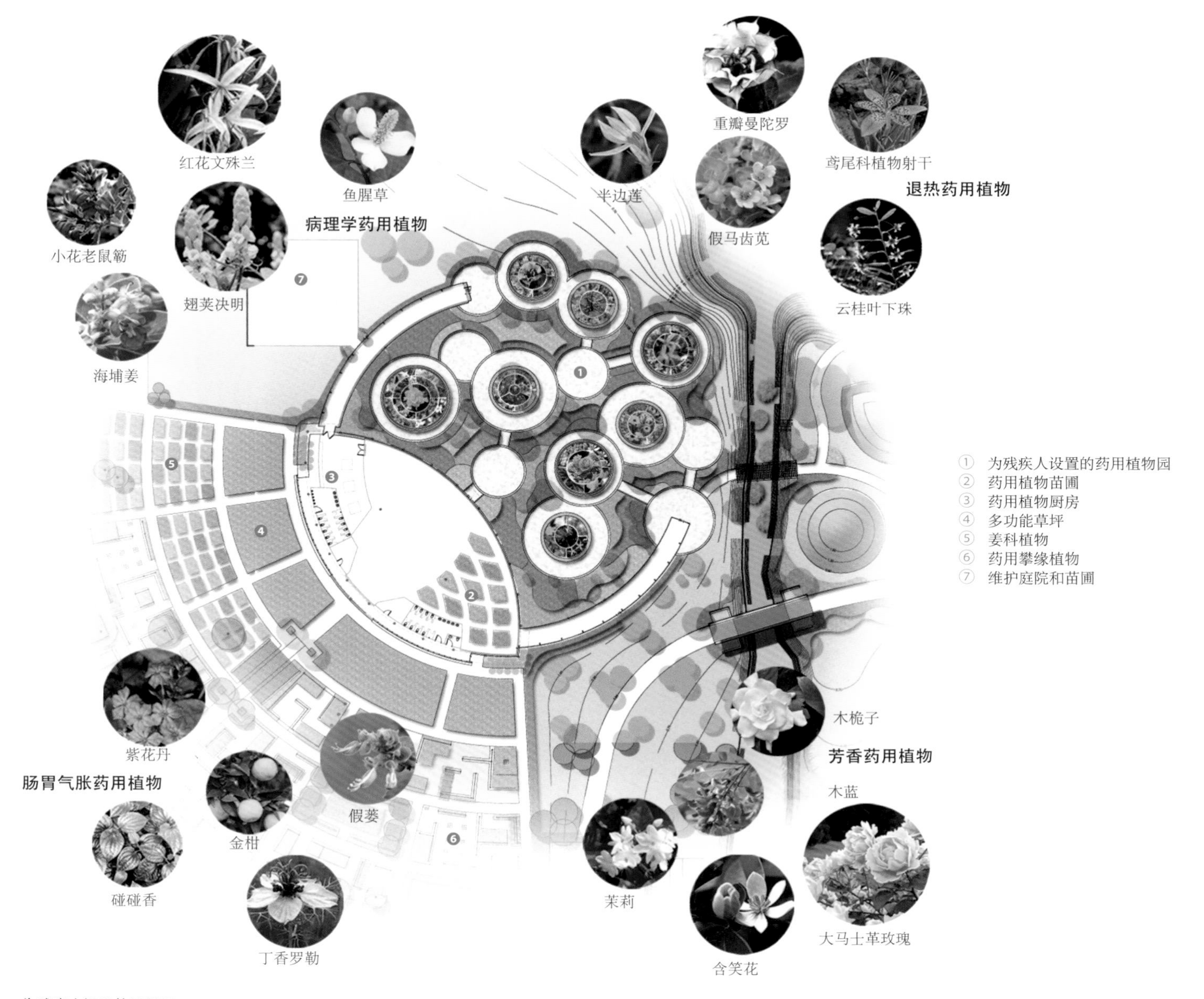

为残疾人设置的展示区

1. 休息区和通往自然栖息地的水道
2. 药用植物公园内的景象

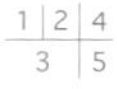

1. 经过改造后的原有宿舍可以作为植物标本室、研讨室和管理办公室使用
2. 湿地公园鸟类保护区的观景区域
3. 高深植物池中各种各样的植物展示可以方便残疾人触摸、感觉和嗅闻植物
4. 攀缘植物区
5. 水生植物区域的木板桥

① 湿地和鸟类庇护所
② 木栈道
③ 药用植物公园

立面图 4

7 低维护技术

降低景观的维护需求，也是一种变相地降低景观耗能的技术手段。例如采用低维护材料、本土植物等。低维护景观主要有以下特征：

·低人工、低能耗、低损耗
·高耐久、高公众
·易清洁、易维修、易改造

低维护景观设计不仅是针对景观的后期使用，而且应该贯穿于整个项目的设计、施工到运营的过程之中。

低维护景观的总体设计

要降低景观的维护需求，需要从景观的总体设计开始进行把控。优秀的总体布局能够节约建设、增加景观的自维护能力。

把握布局的合理性

对景观所在位置的人流和主要分布点进行预测，从而获得主要场地容量、设施数量、环境需求，以避免出现设施不足或过剩的情况。设施不足、人流过大会造成植被破坏、环境污染、景观受损；而设施过剩、人流不足则会造成景观疏于维护，这是一种资源的浪费。

研究活动空间与流线

对景观中的活动空间和流线进行研究，可以保有适度的私密空间，消灭死角空间，从而减少因维护不及时而出现的藏污纳垢的卫生死角。

基勒斯贝格公园：绿地中的众多小径

注重地形处理

坡地可以创造一些较有特色的景观环境，但如果没有设计好，在后期维护上就需要很大的投入。例如在处理坡地时，要避免雨水的过度冲刷，造成植物死亡、水土流失等。坡地的高度也要适宜，施工要充分，否则由于沉降等原因容易造成地面开裂或不平整的问题，同样会给后期维护带来困难。

硬质景观设计

对硬质景观来说，维护主要包括清洁、维修、更新、拆除等，因此在设计的时候要考虑到材料成本、人工成本、时间成本和工艺成本等。

硬质景观的材料选择

尽量采用本土材料，既能够降低运输和采购的费用，也能减少维护时间。同时应该采用可替代的材料和规格，以便减少维护和维修时的麻烦。材料的耐久性也是需要重点考虑的问题：石材、不锈钢、木材的耐久性较好，而玻璃、卵石、普通钢材、混凝土等的耐久性则较差。材料的抗污染能力也会影响景观的维护需求，因此可以选择光面石材、毛石、金属等抗污染能力强的材料，同时杂色和深色材料的抗污能力也要强于浅色材料。

硬质景观的处理方式

在不影响景观效果的前提下，尽量让铺装方向与主要边缘垂直或平行，以便减少对材料的切割。增加景观的柔性铺装，尤其是对平整度要求不是非常高的景观区域，如公园内的步行街道等。尽量避免容易受损的设计，例如外露的锐角或锐角的拼接。

植物设计

景观的植物设计主要包括植物选择和配置。低维护植物景观设计不仅要符合一般植物景观的设计原则，还要考虑到低维护的特殊要求。例如乡土植物、后期养护管理费用低的植物应当作为首选，寿命长、成活率高、耐修剪的植物也是不错的选择。

还可以多采用群落化种植，尽量做到少量草坪、适量乔木、足量灌木。植物群落中的植物生存能力更强，因此所需的后期管理费用更低。而之所以采用乔木、灌木、草坪相结合的设计方法，是因为乔木类的植物不需要循环栽植和养护，相比草坪、花卉等植物，需要的维护更少。

低维护的设计方法主要提供的不是技术手段，而是一种低维护的设计思维。从设计的一开始便对设计进行优化，为建设低能耗景观提供一种更长久的设计思路，从而使景观设计更加节能、更加耐久。

嘉定中央公园

在项目初期，区域总体规划并未对穿越性交通给公共绿地造成的影响予以全面考虑，使得地块支离破碎。设计团队决定对此进行干预，将破碎化降到最低，减少穿越公园的道路数量，在道路保留的地方建立人行桥或地下人行通道——保留野生动物和行人公园体验的完整性。

Sasaki 景观设计事务所的公园设计理念“林中的舞蹈”，建立在对中国传统绘画、书法和舞蹈现代诠释的基础之上。公园突出嘉定丰富的文化遗产，使其与项目场地的自然环境相结合。自然景观元素，例如浮云与流水，是当地艺术家陆俨少画作的常见主题，用现代、动态的形式展示流线，影响人们与景观的互动方式。公园中四条精心布置而成的主要步行道与多种公园元素相互作用，沿着空间和地形曲折延伸。公园内空间布局的形式与功能并重——开放与私密、宏大与深刻、动感与静谧、城市与田园、直线与曲线、凸起与凹陷。

在对项目场地的环境进行初步了解、对项目设计进行精心构思之后，设计团队开始着手以可持续为导向的设计，从根本上改变这片区域的格局。对生态系统的有力承诺和以人为本的宗旨在可持续设计的细节中得到体现，其中包括在所有步道上安装无障碍通道、修复湿地、增设林地、改善当地环境的原生植物、雨洪管理系统、限制性人工照明以及现有材料和项目场地结构的有效再利用。

用跨学科方法、受到启发的愿景和影响深远的可持续设计造就的上海嘉定公园为这片区域带来了改变。对湿地与林地的修复大大改善了水体质量、空气质量和生物多样性；雨水收集系统每年节约 330 万加仑的饮用水；对沥青和屋瓦等建材的重新利用减少了使用新材料产生的排放物，降低了施工成本。

如今，公园内水体清澈，而且时常有钓鱼者在此垂钓，昔日满目皆是藻类植物的肮脏河道早已消失不见。安静的步道取代了嘈杂的公路。成群的小鸟在河道上低空盘旋。男女老少走向运动场或是在步道上徜徉。这条绿色走廊是新城的核心，并已迅速成为新的区域复兴标志。

项目地点 |
中国，上海
建成时间 |
2013
占地面积 |
70 公顷
景观设计 |
Sasaki 景观设计事务所
委托方 |
上海嘉定新城开发公司
摄影 |
Sasaki 景观设计事务所，张虔希，高晓涛

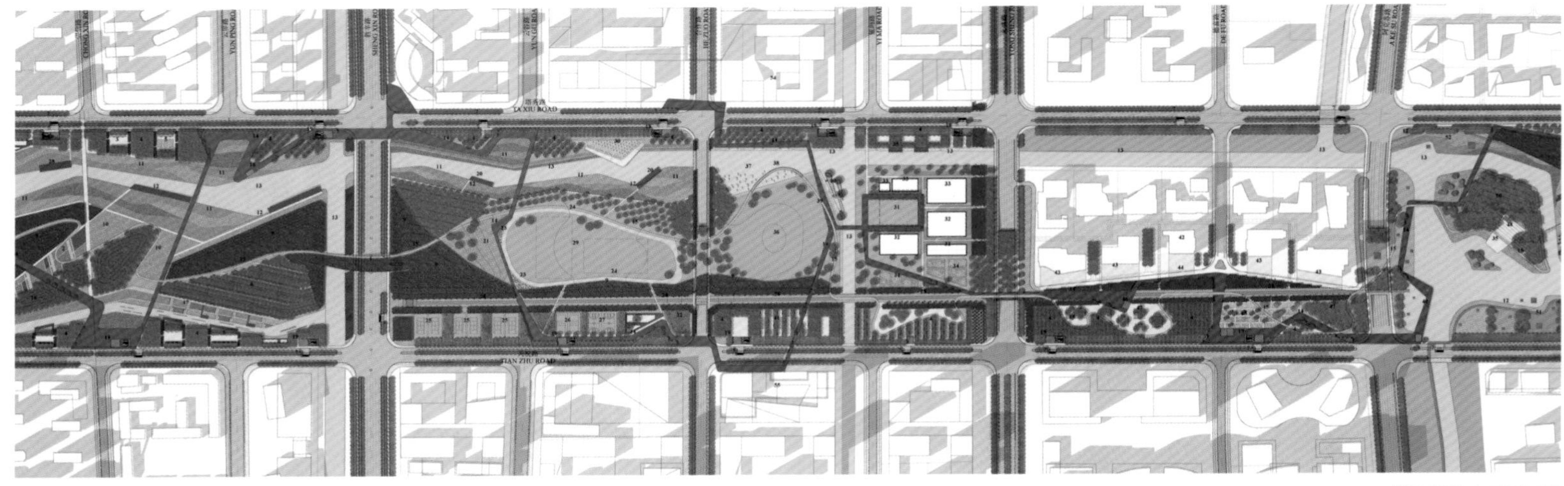

说明性总布局平面图

可持续特征：
栖息地恢复
雨水管理
能源效率
水质改善
栽植原生植物

1. 公园建造旨在促进发展，并为人们营造可以欣赏上海当地风光的空间
2. 保留原有树木 2312 棵，新栽树木 12284 棵，将未充分使用的场地改造成一个多样化的林地群落

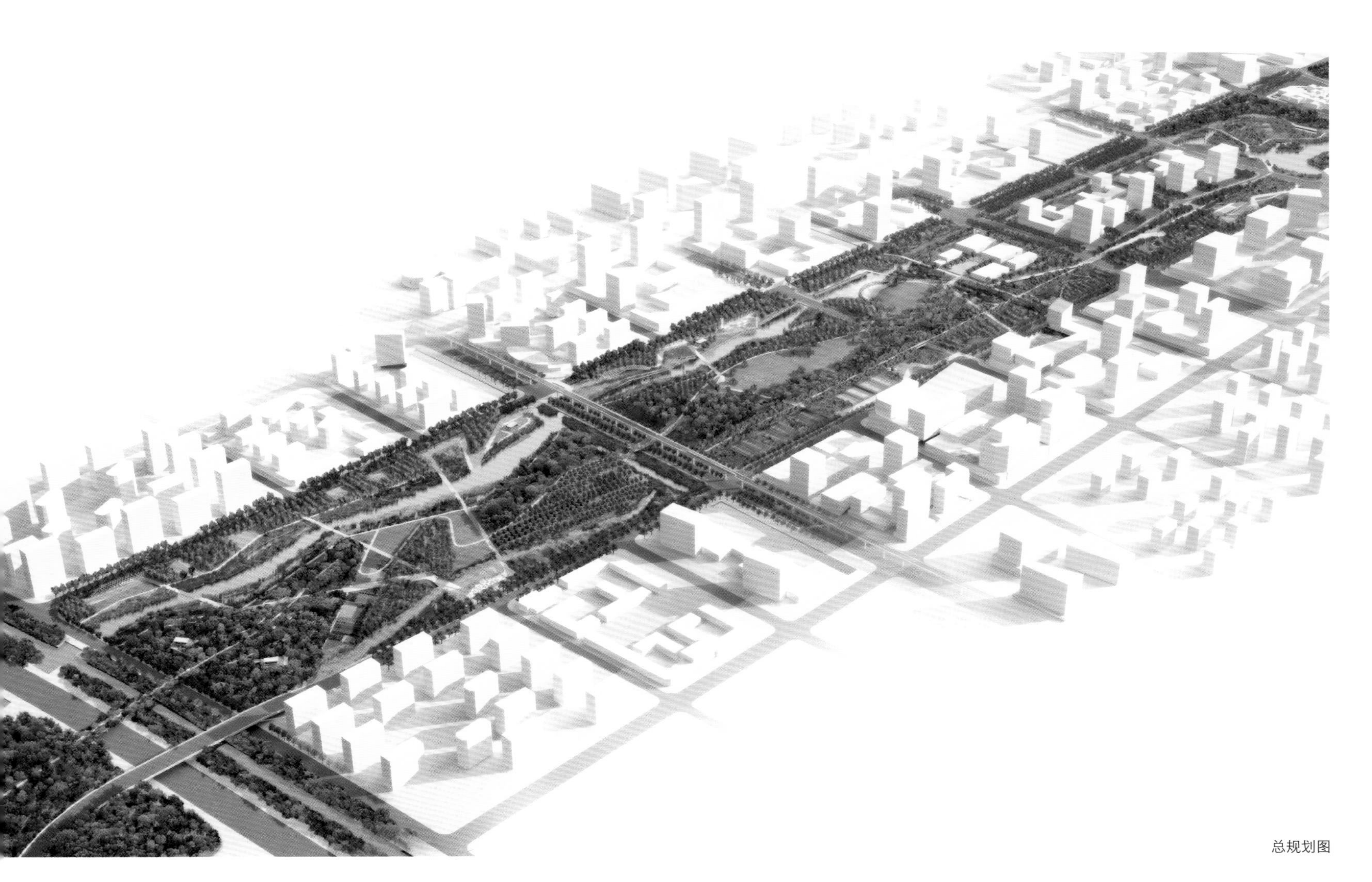

总规划图

1. 嘉定公园健康的湿地系统修复了当地的生态环境，而且一年四季均可以吸引游客
2. 公园内的草甸和林下叶层植物是植物群落结构的组成部分，公园环境兼具开放性和亲切性

横截面图

① 塔秀路
② 生物处理区
③ 绿化过滤带
④ 运河
⑤ 人工湿地
⑥ 公园
⑦ 天祝路

① 运河
② 湿地
③ 月桂塘
④ 过滤盆地
⑤ 碧水池
⑥ 水景花园
⑦ 水池 / 喷泉
⑧ 东云池

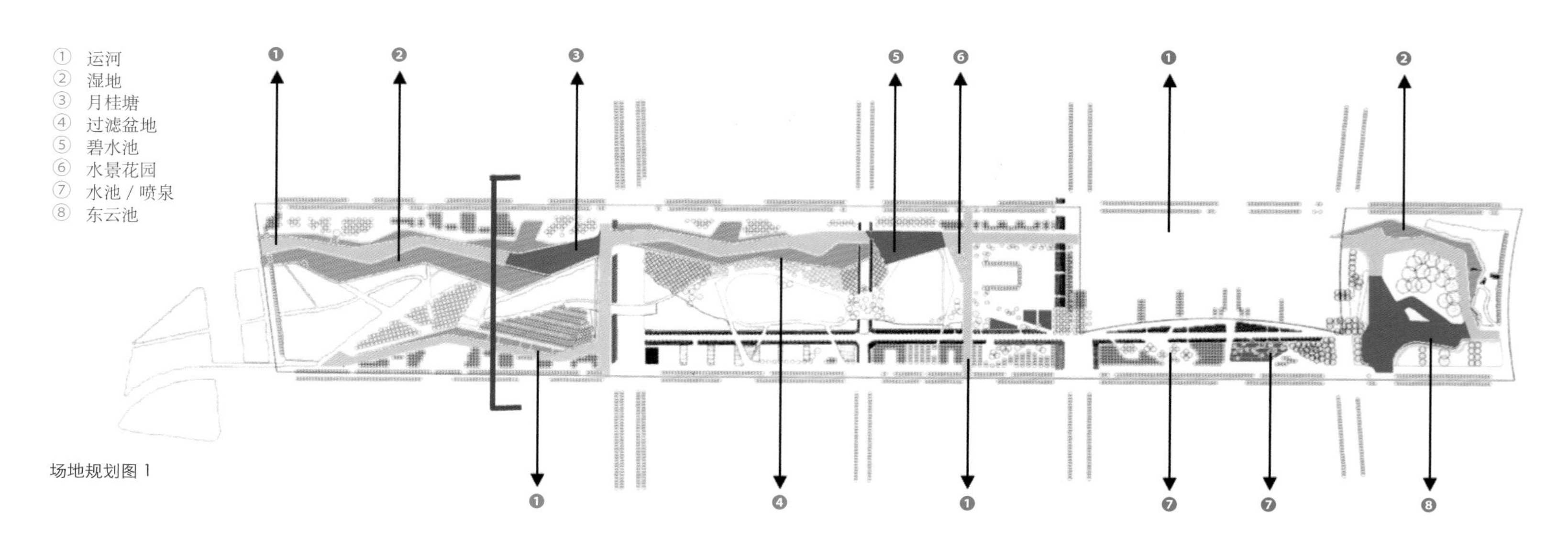

场地规划图 1

1|2

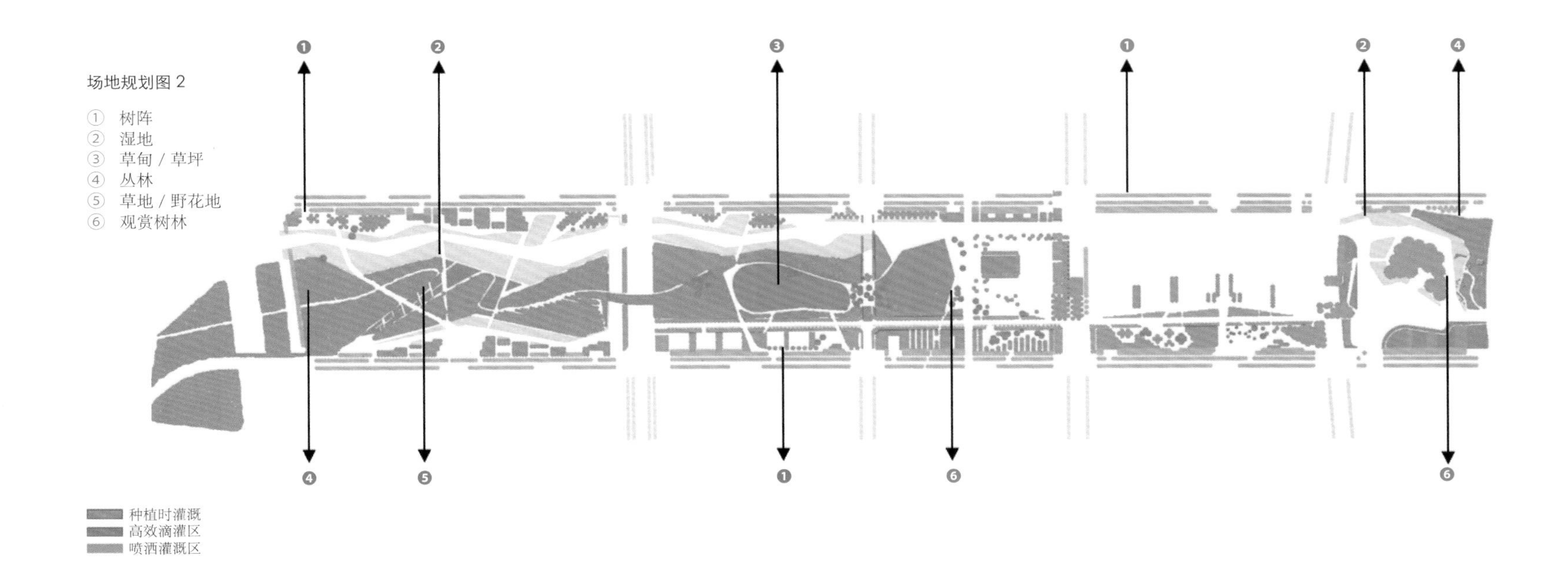

水文循环平面图

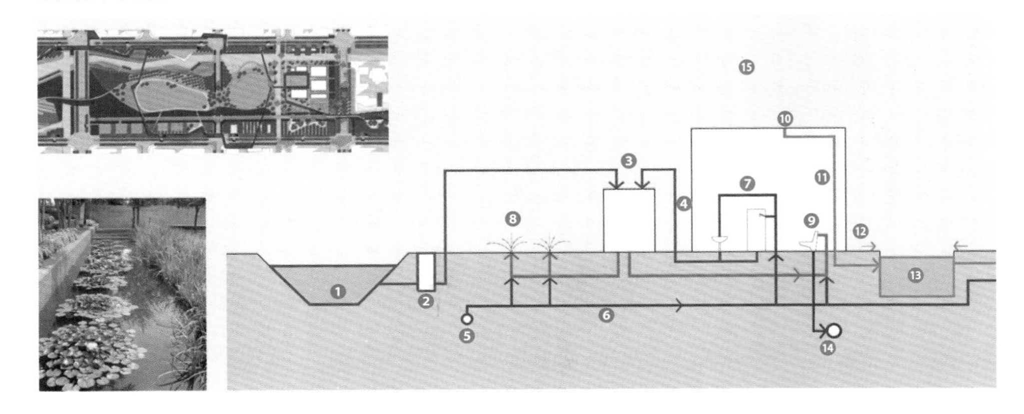

① 运河
② 水泵
③ 水过滤与消毒系统（生态机器）
④ 灰水
⑤ 饮用水源作为备用水源
⑥ 饮用水
⑦ 水池，淋浴
⑧ 灌溉
⑨ 厕所
⑩ 屋顶排水
⑪ 雨水
⑫ 径流
⑬ 水景花园
⑭ 污水管道
⑮ 科教与文化中心

基勒斯贝格公园

此次设计是多方努力的结果，其中包括当地政府、普通民众以及一些街坊社区的努力。该项目的设计目标是创造出一种全新的公共景观设计理念，建造出一个人们满意的生态公园，而公园的风格也要与时俱进，为人们呈现出不一样的都市景观。在此之前，公园的建设一般都是由当地政府发起的，此次多方参与的局面反而激发了人们的积极性，更容易让人们觉得自己是城市建设的一分子。多方参与的模式造就出诸多设计方案和设计修改，旨在让参与者对设计意图有所了解，同时使随之而来的决策制定令人信服。在展开了数次探索绿色系统各部分个性的设计研究之后，设计方案最终演变成个体空间的完美结合和整体空间紧密结合的设计语言，从而最大限度地发挥"绿色 U"的效力。

基勒斯贝格公园的设计以两大主题为出发点：一是打造接近自然的舒适景观，二是打造人工采石场作为硬质地形。采石场的硬质地形会随着时间而改变，从废石堆变成柔软的绿色再生景观。这一变化过程已经在基勒斯贝格公园中得以再现，先前的采石场和展出场地已经被大量的泥土填实，并在道路系统之间修设草坪"缓冲垫层"以刺激能够消除不规则地形的长期自然过程。新景观随之出现，向人们诉说着自己的故事。

设计的潜在主题建立在影响人类感知的准确性和重新解读为人所熟知观点的基础之上，这些是靠将地形提升至视线高度和建立下沉道路网实现的。新地形的幻象强化了人们完全专注于景观的感受，为公园使用者提供一种奇妙的体验——一种新奇的感觉。道路布局是以采石场的不规则地形和人们爬上街道一侧斜坡后看到的弯曲结构为灵感设计的。新的设计主题将费尔巴哈海德和罗特万德山（考恩霍夫的红墙）前面的公园与新的公园改造区域统一成一个整体。

在公园的改造过程中，可持续性与生态化发展也是贯穿设计始末的一大潜在主题。新建建筑屋顶上的雨水均被收集于地下的蓄水池中，而蓄水池则与新形成的湖泊相连，促进了水的循环。公园内的每块草甸都拥有各自的微型气候条件，这也就形成了多种多样的动植物群落生境。草甸每年仅需修剪两次，大大降低了工程的维护费用。改造后的基勒斯贝格公园与这片区域的中心建立起直接的联系，并与周围的住宅区紧密相联，居民们可以经由自己的独立式住宅轻松到达公园，而这一人性化的设计也大大提高了这片区域的宜居性。

项目地点 |
德国，斯图加特
建成时间 |
2012
占地面积 |
10 公顷
景观设计 |
雷纳·施密特景观设计公司 (Rainer Schmidt Landschaftsarchitekten GmbH)
助理景观设计 |
普夫罗默尔 + 罗伊德景观设计公司 (Pfrommer+Roeder Landschaftsarchitekten)

主设计师 |
雷纳·施密特 (Rainer Schmidt) 教授
委托方 |
斯图加特市政府
摄影 |
拉法艾拉·瑟托利 (Raffaella Sirtoli)
所获奖项 |
2014 年度欧洲花园奖一等奖；
2014 年 RTF 奖一等奖

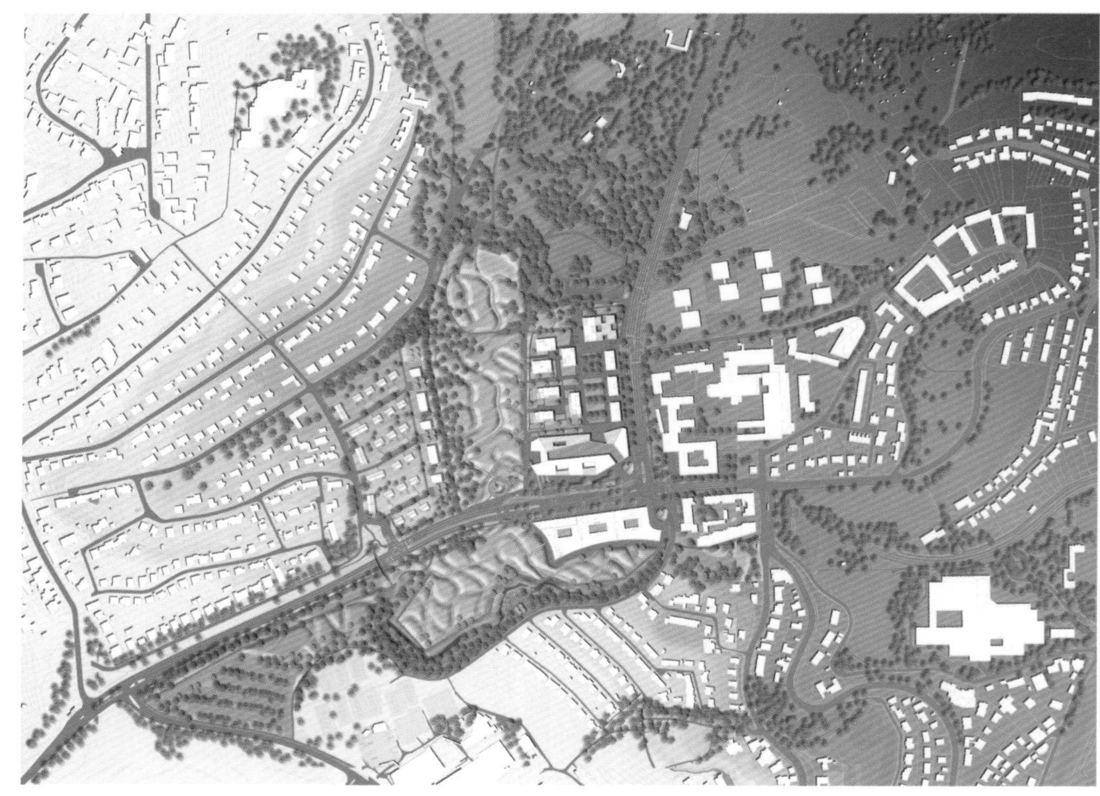

总体规划图

1－2. 雨水滞留池，邻近开发场地的雨水被收集到雨水滞留池中
3. 倾斜的平面
4. 草地，垫层
5. 绿地中的小径

1. 相互连接的道路网
2. 全景图

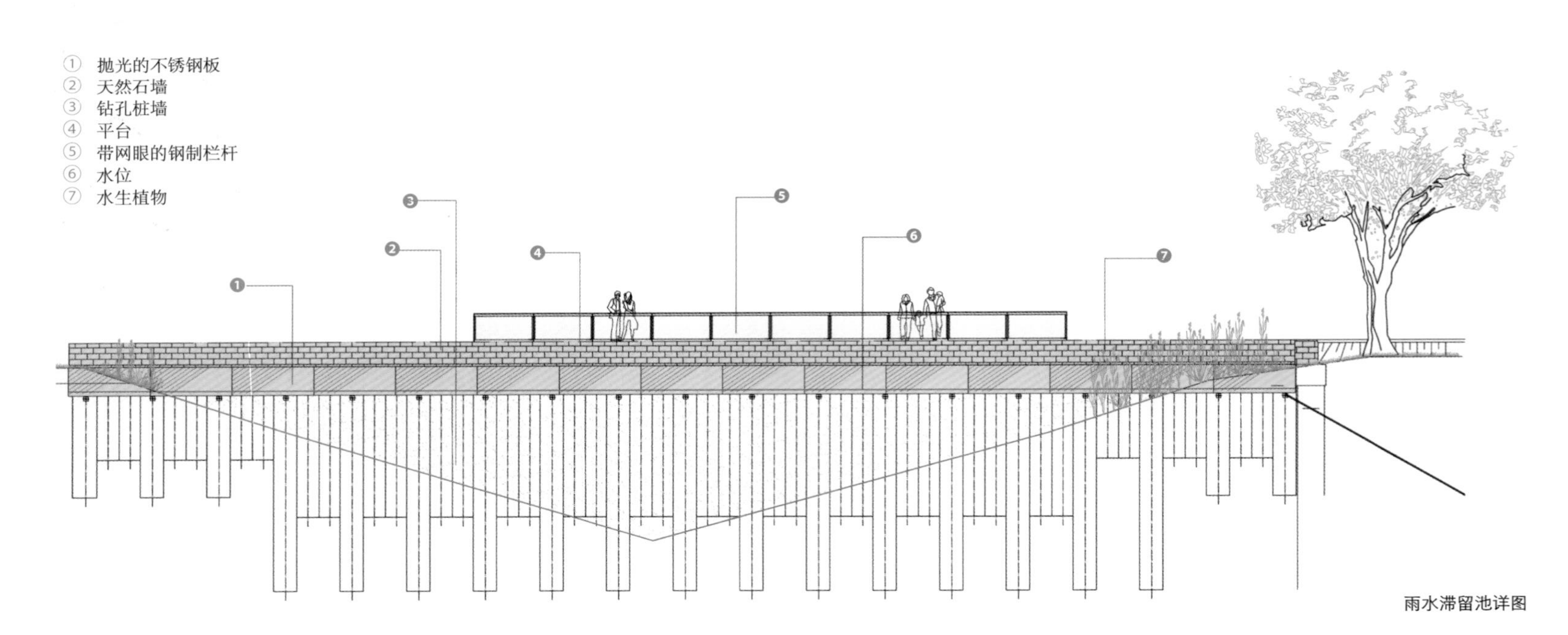

雨水滞留池详图

1 | 2

1. 雨水滞留池，水池会对相邻开发项目的雨水进行收集
2. 地铁站
3. 结合综合水管理设施修设的道路
4－5. 水道

1 | 3 | 5
2 | 4

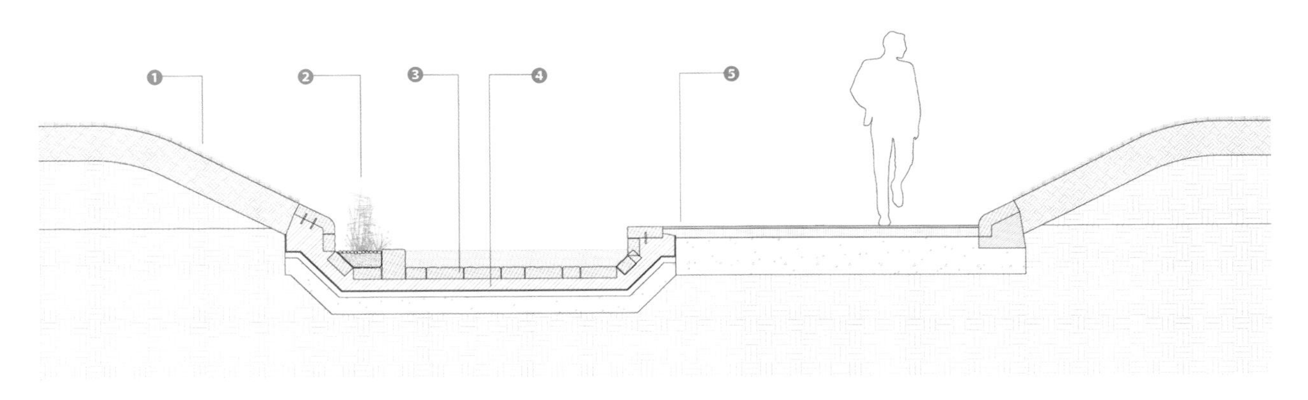

剖面图

1. 草坪
2. 水生植物
3. 花岗岩石材
4. 混凝土
5. 路面：possehl

可持续景观中心

作为美国第一个教学型温室，有着 120 年历史的菲普斯温室植物园依然处在美国环境教育运动的最前沿。为了完成使命，菲普斯温室植物园近期完成了可持续景观中心（CSL）的建设，它的设计达到了四项世界最高的绿色建造标准。可持续景观中心（CSL）位于先前的一片城市棕地上，1.17 公顷的场地足以满足这栋占地 2250 平方米建筑的科研和教育功能。经过充分整合的景观和建筑可以自己产生能量，对项目场地内拦截到的雨水进行处理和再利用。

设计团队设计了一条将建筑繁茂的绿色屋顶与地面连接起来的缓坡道路，以方便正常人和残疾人在项目场地内的陡峭地势上行走。沿着这条缓坡道路行走，人们可以看到 150 多种原生植物，从开放草甸和橡树林到水边和湿地植被，将一大片独特的植物群落呈现在人们面前。这些植物均是根据地形情况进行布置的，反映出植物多种多样的环境适应方式。种类繁多的植物可以为当地特有的野生动物提供食物、庇护和巢穴。温室屋顶的径流会注入 372 平方米的泻湖，泻湖内生活着当地的鱼群和乌龟。

可持续景观中心（CSL）对项目场地内的降雨进行管理，并对项目场地内的生活污水进行处理。可持续景观中心（CSL）可以借助绿色屋顶、雨水花园、生态洼地、泻湖、透水沥青和高效能原生景观等土壤和植被系统对项目场地范围内 10 年一遇的暴雨（24 小时降水量 8.4 厘米）进行管控。可持续景观中心建成之后，人们不再使用饮用水灌溉植物。除此之外，可持续景观中心（CSL）还可以对项目场地范围外邻近建筑 2000 平方米屋顶上的雨水径流进行收集。收集到的雨水可以抵消菲普斯温室植物园的日常灌溉需求，大大减少了植物园对城市用水的需求和处理、运送雨水需要耗费的能源。

可持续景观中心（CSL）将可再生能源技术、保护对策、水处理系统、原生植物和可持续景观的潜在之美展现给众多民众，其中不乏那些第一次接触这些主题的人群。

项目地点 |
美国，宾夕法尼亚州，匹兹堡
建成时间 |
2013
占地面积 |
1.17 公顷
景观设计 |
安卓博尚联合公司
(Andropogon Associates Ltd)
委托方 |
菲普斯温室植物园

摄影 |
安卓博尚联合公司和保罗·G.魏格曼摄影公司
(Andropogon Associates, Ltd&Paul G Wiegman Photography)
所获奖项 / 专业认证 |
2014 年可持续场地评估体系 (Sustainable SITES Initiative) 四星认证试点项目；
2015 年生态建筑挑战评价体系认证 (Living Building Challenge certification)；
2014 年 WELL 建筑认证体系认证；
2014 年美国绿色建筑委员会 LEED 铂金认证

效果概念俯瞰图

规划效果图

1. 可持续景观中心（CSL）的核心功能是提高公众对自然环境与建造环境之间的联系及整体可持续建筑和景观系统的效力与协同作用的意识

场地和基于性能的景观 - 植被设计

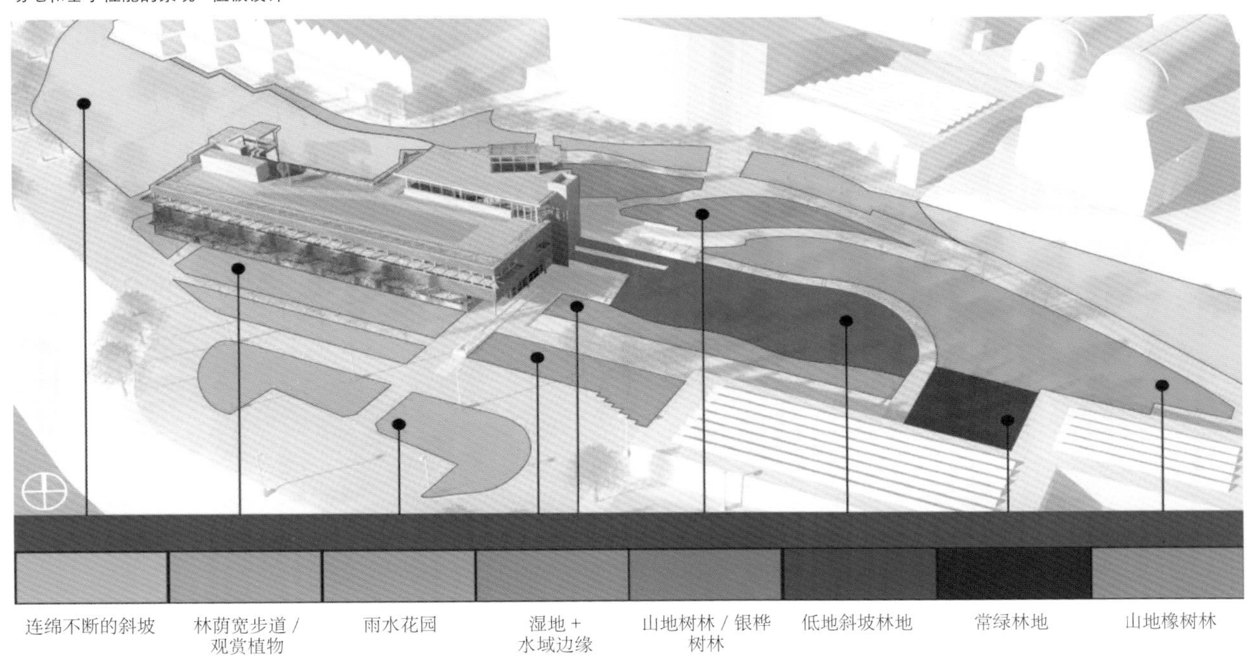

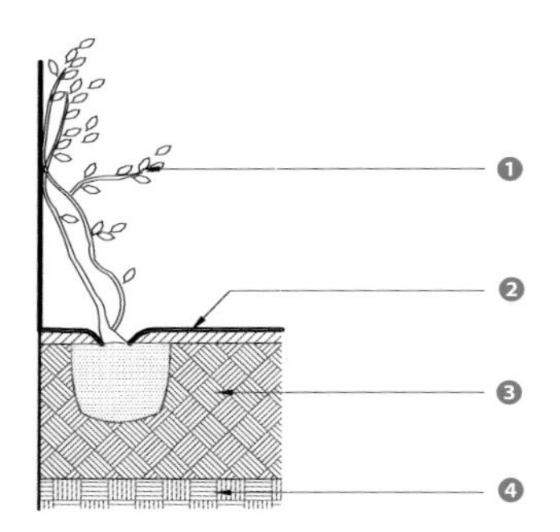

攀缘植物种植

① 攀援植物
② 覆盖层 -5.1 厘米厚，远离植物茎
③ 种植土壤
④ 拟建路基

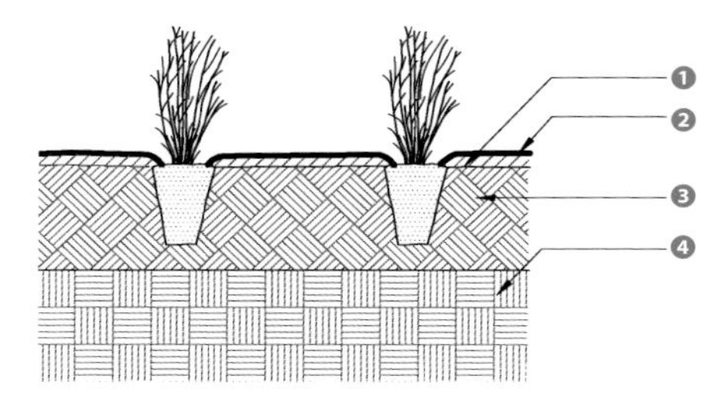

草本植物种植

① 抛光坡面
② 覆盖层 -7.6 厘米厚，远离植物茎
③ 种植土壤
④ 拟建路基

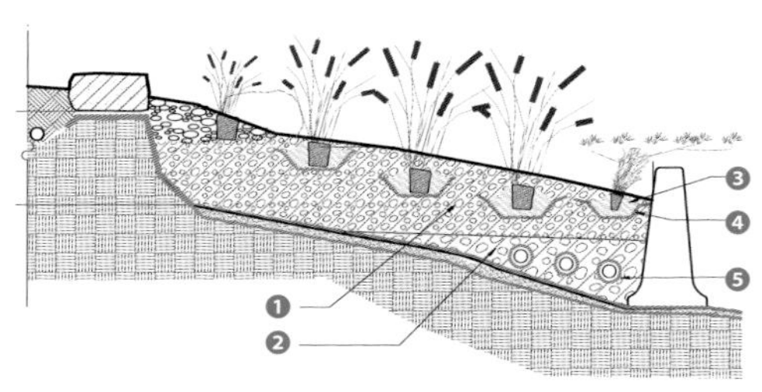

泻湖种植

① 泻湖种植介质，C 号
② 泻湖种植介质，L 号
③ 泻湖根团混合土壤
④ 粗麻布面料口袋，顶部开口
⑤ 打孔排水管

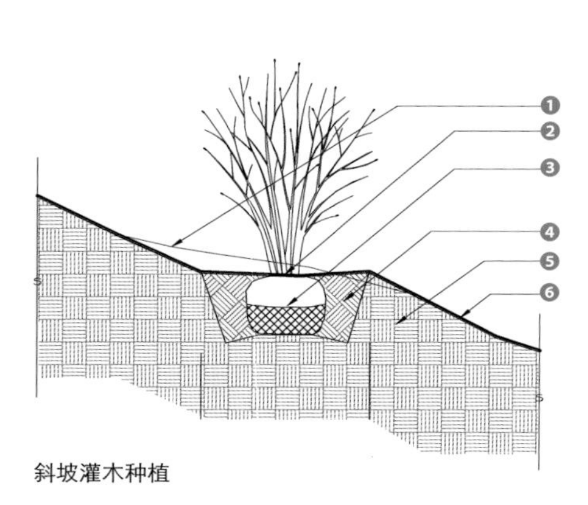

斜坡灌木种植

① 原有坡面
② 固定在抛光坡面上的根团顶部
③ 去除根团上半部的麻线、绳子、粗麻布和电线
(去除根团中的不可生物降解绳子和粗麻布)
④ 回填种植土壤
⑤ 拟用种植土壤
⑥ 抛光坡面

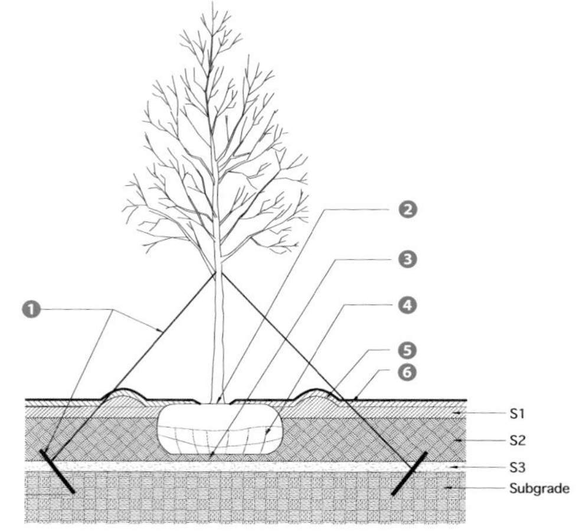

草坪和种植床树木种植

① 桩子和立桩标定线（7.6 厘米卡尺）
② 根团顶部（树身光斑）最大 2.5 厘米。抛光坡面上方（树身光斑可见）
③ S2 基座压实至标准检测的 95%
④ 去除根团上半部的麻线、绳子、粗麻布和电线
(去除根团中的不可生物降解绳子和粗麻布)
⑤ 抛光坡面
⑥ 覆盖层 -5.1 厘米厚，远离树干

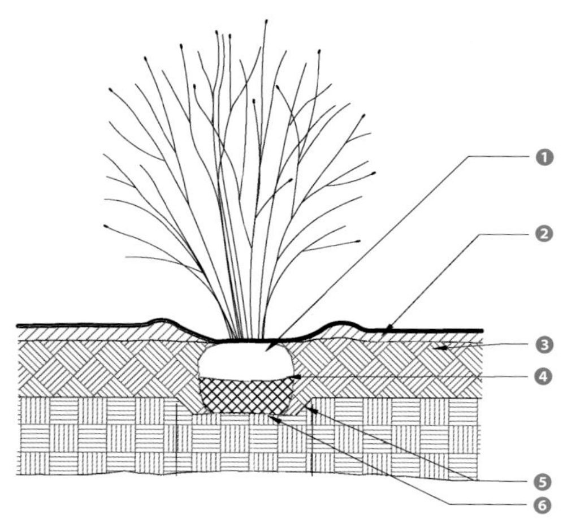

灌木种植 - 标准

① 固定在抛光坡面上的根团顶部
② 覆盖层 -7.6 厘米厚，远离植物茎
③ 种植土壤
④ 去除根团上半部的麻线、绳子、粗麻布和电线
(去除根团中的不可生物降解绳子和粗麻布)
⑤ 坡度 1:1
⑥ 固定在路基或夯实土丘上的根团

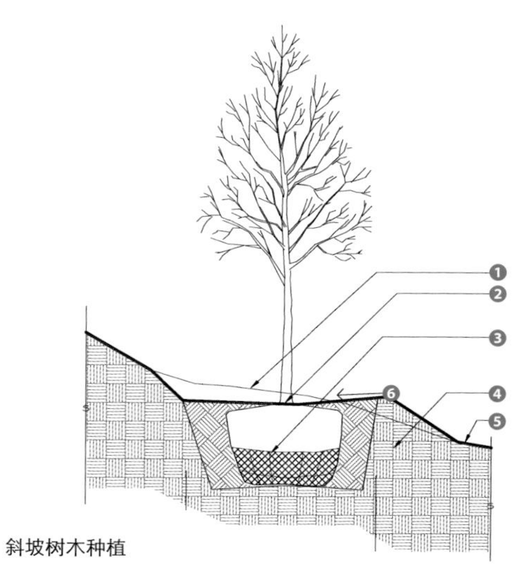

斜坡树木种植

① 原有坡面
② 根团顶部（树身光斑）最大 2.5 厘米。抛光坡面上方（树身光斑可见）
③ 去除根团上半部的麻线、绳子、粗麻布和电线
(去除根团中的不可生物降解绳子和粗麻布)
④ 拟用种植土壤
⑤ 抛光坡面
⑥ 沥青

1－2. 到访可持续景观中心（CSL）的游客可以直接了解生态系统服务、原生植物栖息地的美景和益处，绿色基础设施及其在改善当地水质过程中发挥的作用，欣赏场地所维持和保护的生物多样性

可持续景观中心（CSL）可以通过场地内的土壤和植被基础系统对场地范围内 10 年一遇的暴雨事件进行管控，对场地范围外邻近建筑 0.5 公顷屋顶上的雨水径流进行收集

A. 雨水拦截
B. 绿色屋顶系统
C. 将拦截到的雨水输送至别处
D. 贮水池
E. 泻湖：雨水存储
F. 雨水花园：泻湖溢流
G. 地下雨水存储
H. 透水沥青
I. 人工湿地
J. 灰水清洁砂滤器
K. 地下清洁砂滤器
L. 外线杀菌 - 灰水

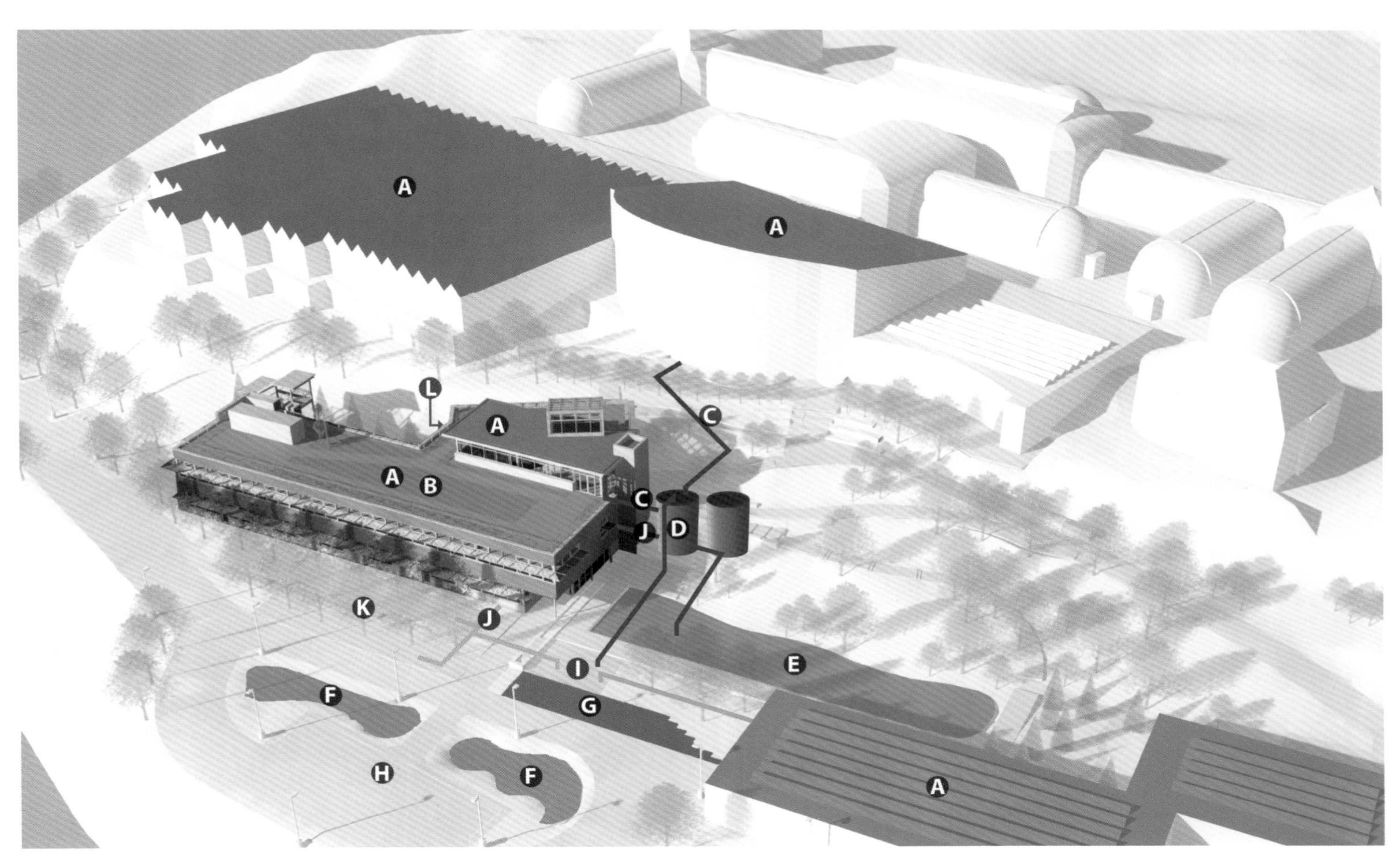

1. 为吸引公众进行探索和探究而设计的可持续景观中心（CSL）旨在向公众展现修复景观对策及以生态为基础的水处理系统，用本土植物群落帮助我们老化的城市基础设施摆脱困境
2. 一连串的水景设施营造了一个安静环境，鼓励游客和鸟类与水进行互动，并在雨水径流回流到泻湖之前对其进行持续的充氧处理

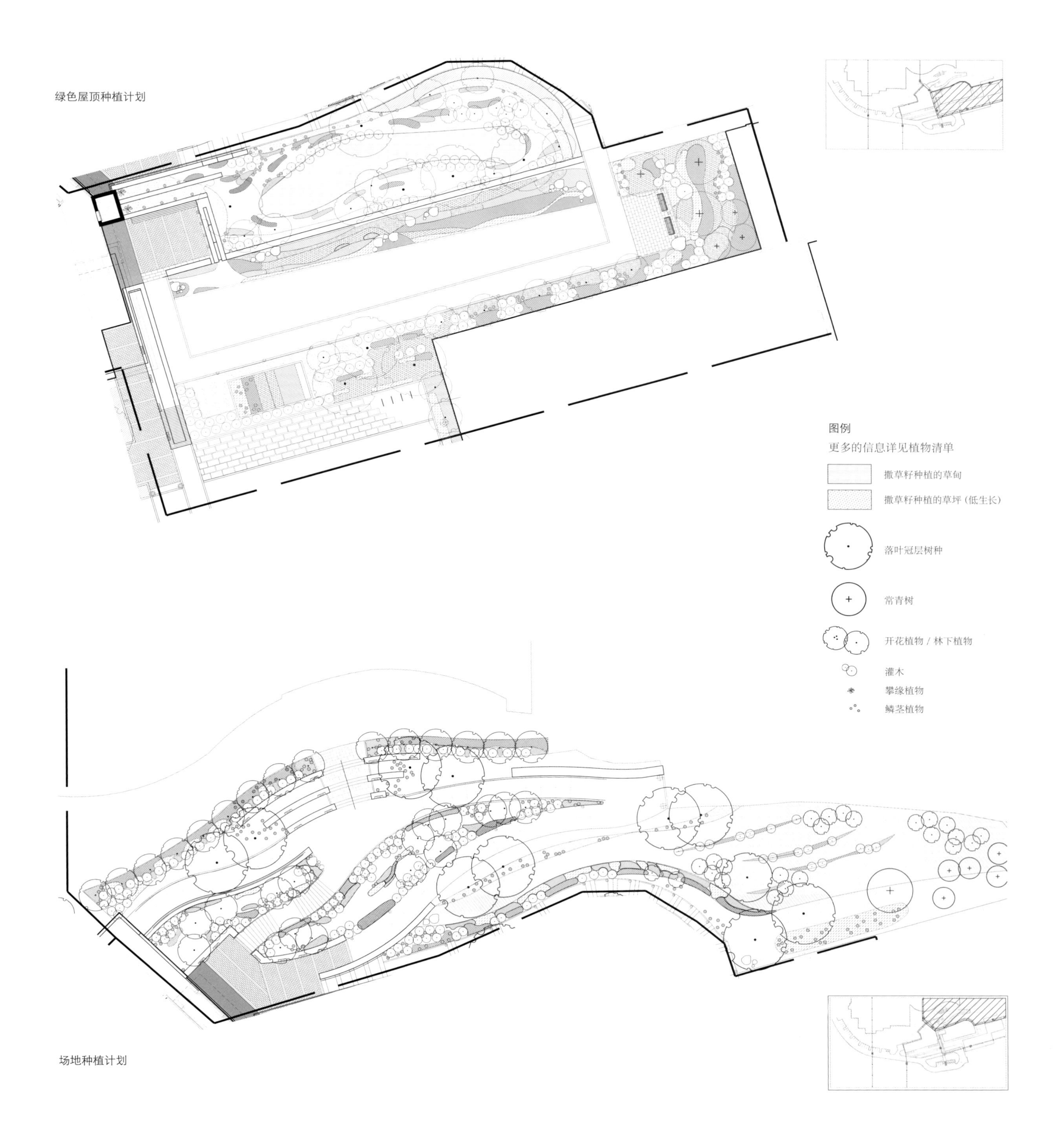
绿色屋顶种植计划
图例
更多的信息详见植物清单
撒草籽种植的草甸
撒草籽种植的草坪（低生长）
落叶冠层树种
常青树
开花植物 / 林下植物
灌木
攀缘植物
鳞茎植物
场地种植计划

科约阿坎企业园区景观

位于墨西哥城最老街区内的科约阿坎企业园区改变了以往的高层建筑形式，并以其不同于墨西哥企业建筑的建造形式从该地区中脱颖而出。该项目的开发充分利用了当地极好的天气及附近较低的建筑群。外观设计起到了重要作用，是建立起各栋建筑之间的联系。这个项目还涉及一个旧制药实验室设施的改造工程，设计团队将其改造成一座办公园区花园。委托方的最大关注点在于这处景观是否能够真正地将工作区与外界结合起来，并以此作为非正式会议或是展示场所使用。这处建筑群由四栋不同规模和几何形状的主体建筑构成。

此处景观和硬景观设计的主要理念是对内部与外部之间的融合进行准确的描绘，给人一种植物和树木已然存在和项目早已修建在景观周围的错觉。按照墨西哥的标准，该项目被视为开拓项目。这里的建筑规模更加人性化，开放空间的设计可以提高使用者的生活质量。项目的建筑元素有“折叠”木板、流通坡道和层次不一的绿地。

这些元素都是以提供灵活性为目的而设计的，而且不会阻碍视线，并可给外界一种贯穿整个区域的深度感。

可持续性是委托方的另一个关注点，该项目采用了“低维护”、“持久性”材料和适应性强的本土植物。不同质地的墙壁和地面采用黑色的火山花岗岩铺筑而成；为了与植物池和长椅保持一致，该项目采用合成木材（含有 60% 的竹子成分和 40% 的无毒性树脂成分）制造木板和“较厚的”钢板。景观设计规模为 0.73 公顷，其中 0.33 公顷为绿地，0.09 公顷为木板台地，剩余面积为走廊和企业园区正门入口。

项目地点 |
墨西哥，墨西哥城南部

建成时间 |
2013

占地面积 |
0.73 公顷

景观设计 |
DLC Architects 事务所 [玛丽亚·瓜达卢佩·多明戈斯·兰达 (María Guadalupe Domínguez Landa)，拉斐尔·洛佩斯·科罗纳 (Rafael López Corona)]+ Colonnier y Asociados 建筑师公司 [珍·米歇尔·科洛尼耶 (Jean Michel Colonnier)]

合作者 |
莫妮卡·穆诺茨·冈萨雷斯 (Mónica Muñóz González)，何塞·奥古斯丁·赫尔南德斯·克鲁兹 (José Agustín Hernández Cruz)

委托方 |
Colonnier y Asociados 建筑师公司 / MF Farca

摄影 |
DLC Architects 事务所

1. Motor Lobby 广场平面效果图
2. Main Access 广场和 Motor Lobby 广场的鸟瞰图
3. Main Access 广场的景象

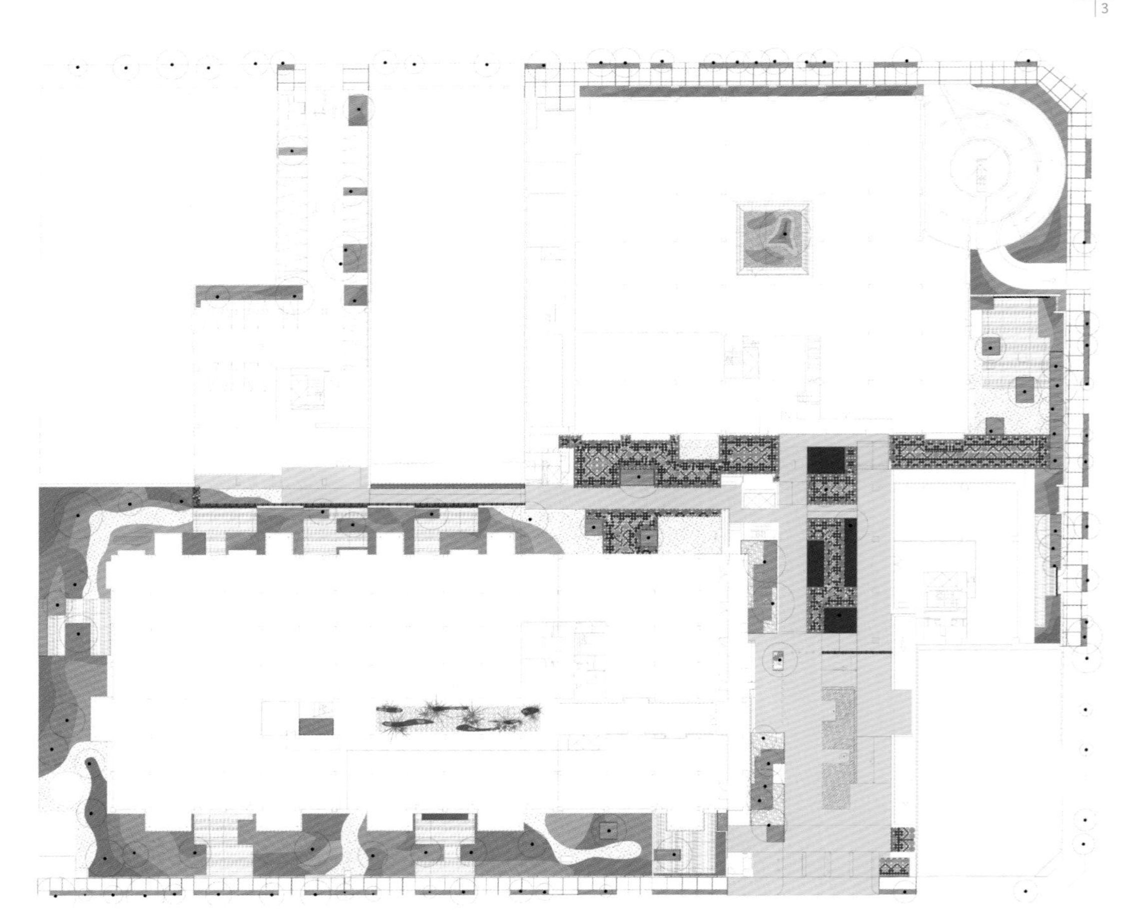

总平面图

1 | 2 | 3

1. 广场和 Motor Lobby 广场的鸟瞰图
2. 广场上悬于地面之上的植物池可以将地台隐藏起来
3. 水景设施和 Main Access 广场的鸟瞰图

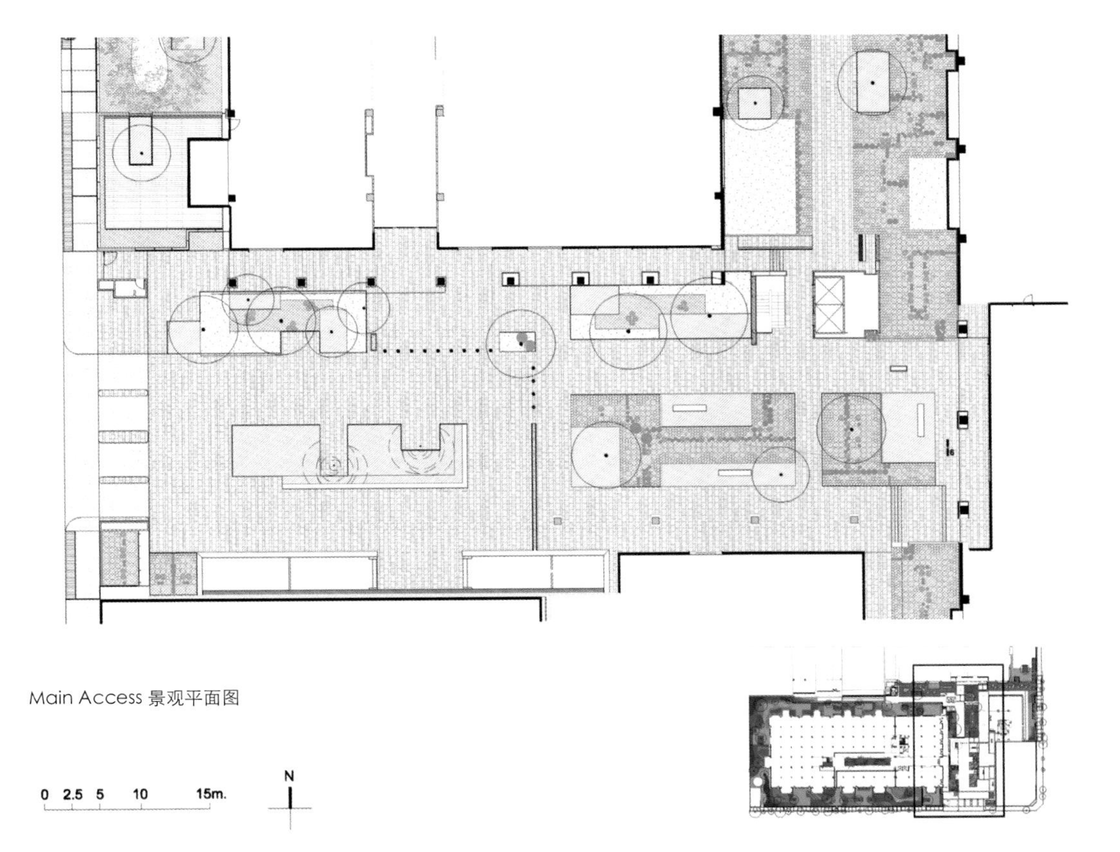

Main Access 景观平面图

1. 前院露台和木制平台的鸟瞰图
2－4. 前露台的鸟瞰图

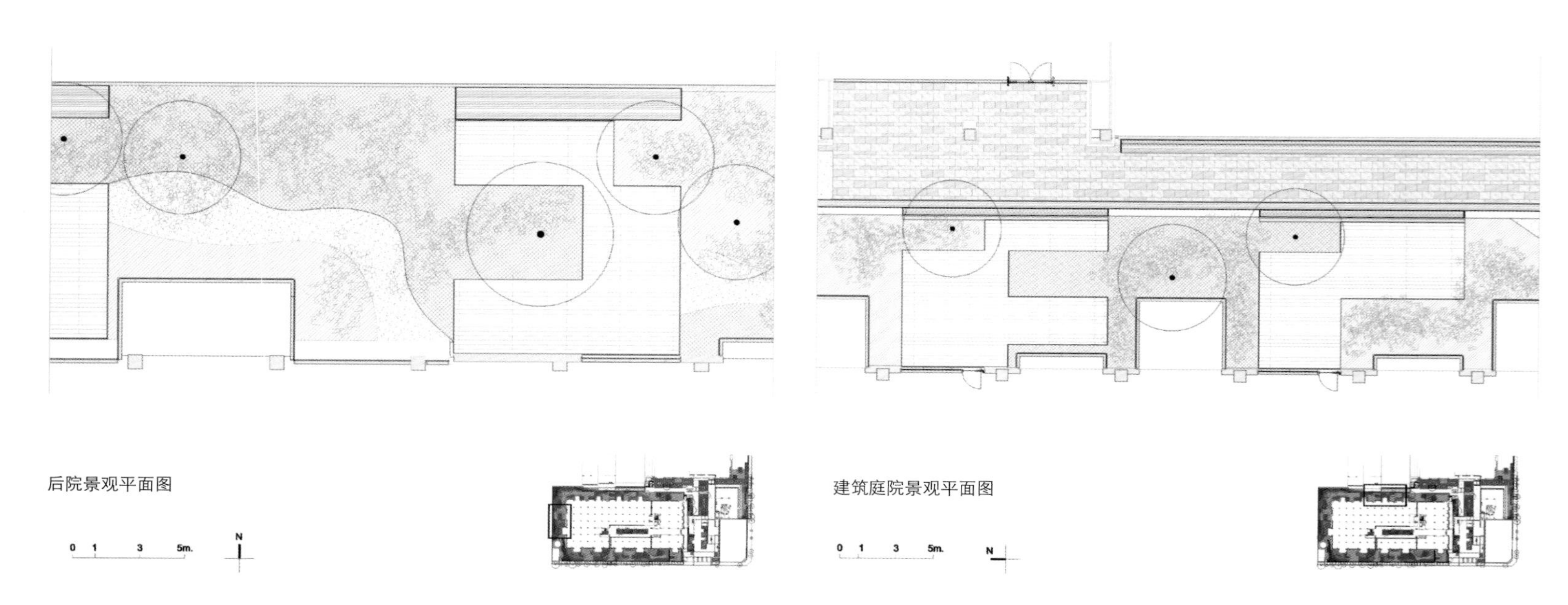

1. 后院露台和走廊景象
2－3. 1 号建筑正门入口处的景象
4. 通往 4 号建筑的走廊和坡道

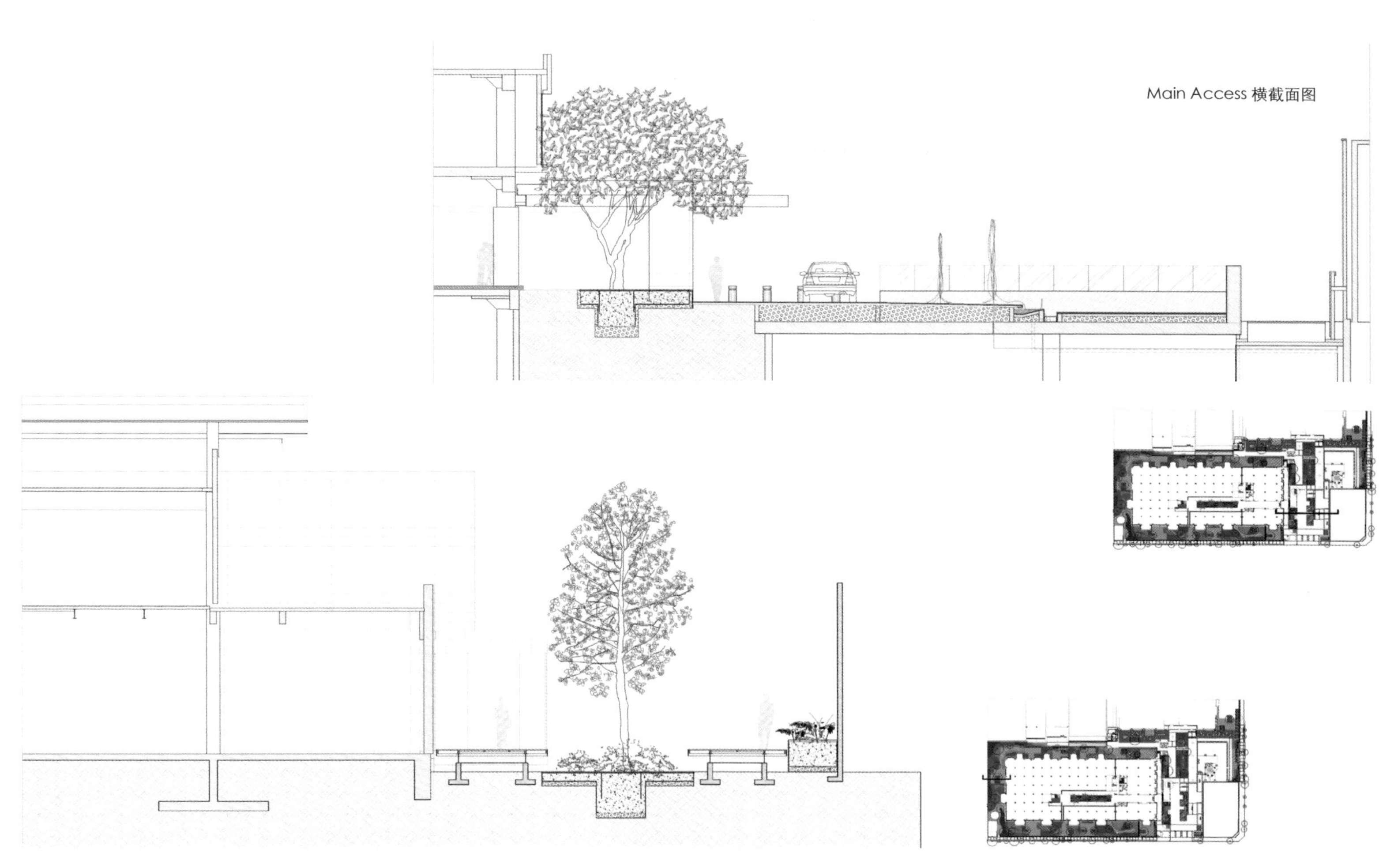

Main Access 横截面图

后院横截面图

植物温室

该项目位于奥尔胡斯市的植物园内，新建热带植物温室的外形好似绿丛林中的露珠。这座有机温室采用可持续性设计、新材料以及先进的计算机技术打造而成。

奥尔胡斯市植物园内原有的蜗牛形温室也是由 C. F. Møller 景观事务所设计完成的，这座温室于 1969 年完工，已经很好地融入到周围环境中，是植物园内的标志性建筑。因此，设计团队决定秉承原有建筑风格，为植物园设计一个新温室，用以取代不再适用的原有温室。

C.F. Møller 景观事务所的建筑师和合伙人汤姆·丹尼尔森(Tom Danielsen)表示，这场竞赛旨在寻找一个完全独立并极具特色的新温室建筑，但是我们必须确保新温室可以在功能上与原有温室形成互动。

新温室的有机外形和大体量设计，即那些公众可以进入参观并可体验不同气候带植物的空间，将使其成为全欧洲地区最有吸引力的温室。温室内布满琳琅满目的热带植物、树木和花卉，椭圆形的基墙上修设有一个透明的穹顶。空间中央修设有池塘，游客们可以通过高架平台爬到树顶上面。

设计团队采用节能设计解决方案，运用材料、室内气候和技术知识对新温室进行设计。建筑师和工程师利用先进的计算体系对建筑结构进行优化，确保新温室的外形和能源消耗处于最合理的状态，并对阳光进行充分利用。穹顶的形状和温室朝向的精确选择保证了大体量空间的能源供给，冬季可以获得最佳的阳光入射角，夏季则反之。

透明的穹顶采用 ETFE 箔垫层和内部气动遮阳系统设计而成。支撑结构由 10 个纵横交错的钢拱支架组成，形成了一个由双层箔垫填充而成的矩形大网。南面部分的垫层有三层，其中两层带有印纹，可以根据压力变化进行调整。压力变化也能改变穹顶的透明度，改变温室的光线和热量输入。

该项目还包括原有温室的全面修复工程，设计团队对原有温室进行扩建，建立起新热带植物温室与原有温室的联系，并将原有温室改造成广大市民的植物学知识中心。该项目将建筑、工程和景观设计紧密地结合起来，设计规范相互重叠、密不可分：在温室中，景观设计也是室内设计。温室借助室内台阶形成 3 米高的天然高差，可以种植水稻作物与红树。红树林和蜿蜒小道旁的维多利亚睡莲相得益彰，形成极美的温室景观。

项目地点 |
丹麦，奥尔胡斯市
建成时间 |
2013
占地面积 |
3300 平方米
景观设计 |
C. F. Møller 景观事务所
委托方 |
奥尔胡斯大学，丹麦大学及房屋中介

摄影 |
法兰斯·博格曼 (Frans Borgman)，朱利安· 魏埃尔 (Julian Weyer)，昆廷·拉克 (Quintin Lake)
所获奖项 |
2016 年 Architizer A+ 奖项建筑 + 工程类特别提名奖
2015 年地区决赛市民信托奖
2014 年奥尔胡斯市建筑奖
2009 年建筑竞赛奖

双曲面基墙从原有温室中延伸出来，从周围景观地貌中穿过，构筑起新热带植物温室的基墙，这面基墙同时还可以发挥挡土墙的作用，将用来存放物品的庭院包围起来。

新温室与原有温室之间的户外庭院可供人们就座和用餐，路面采用现浇混凝土铺筑而成，同时留出多个三角形草坪铺面，使整个庭院场地看似没有方向之分。三角形的种植床内栽种有单一品种的植物，与植物内种类繁多的植物形成鲜明对比。

1 | 2

结构示意图

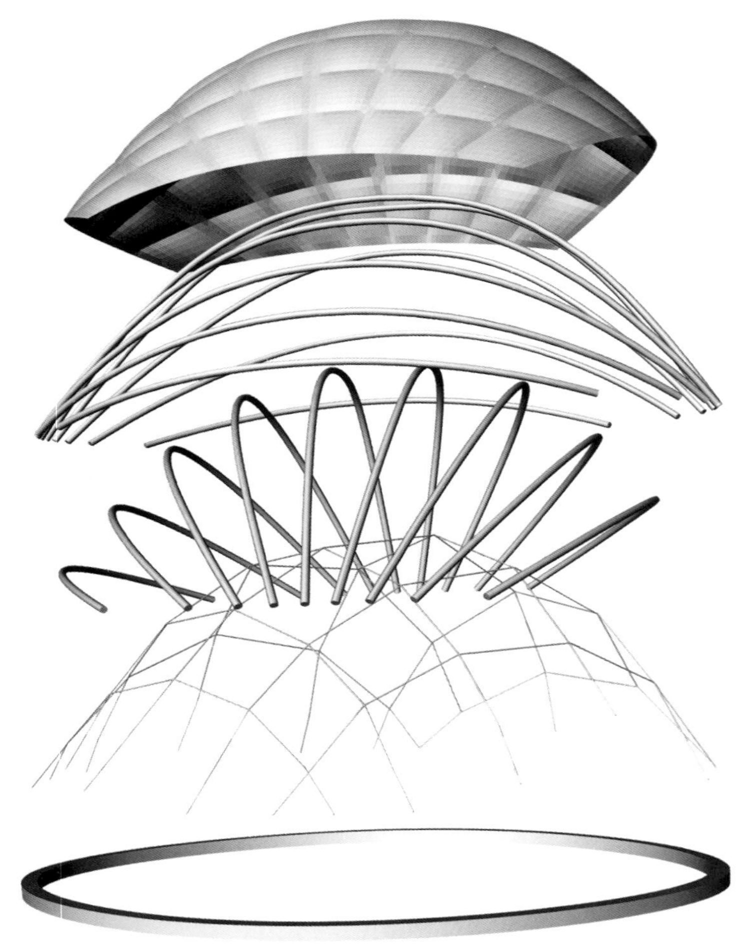

东立面图

北立面图

西立面图

南立面图

1. 新建热带植物温室的外形好似绿丛林中的一滴露珠
2. 建筑师和工程师利用先进的参数计算体系对建筑结构进行优化，确保新温室的外形和能源消耗处于最合理的状态

1. 双曲面基墙从原有温室中延伸出来，构筑起新热带植物温室的基墙
2. 透明的穹顶在周围植物园映衬下显得非常明亮

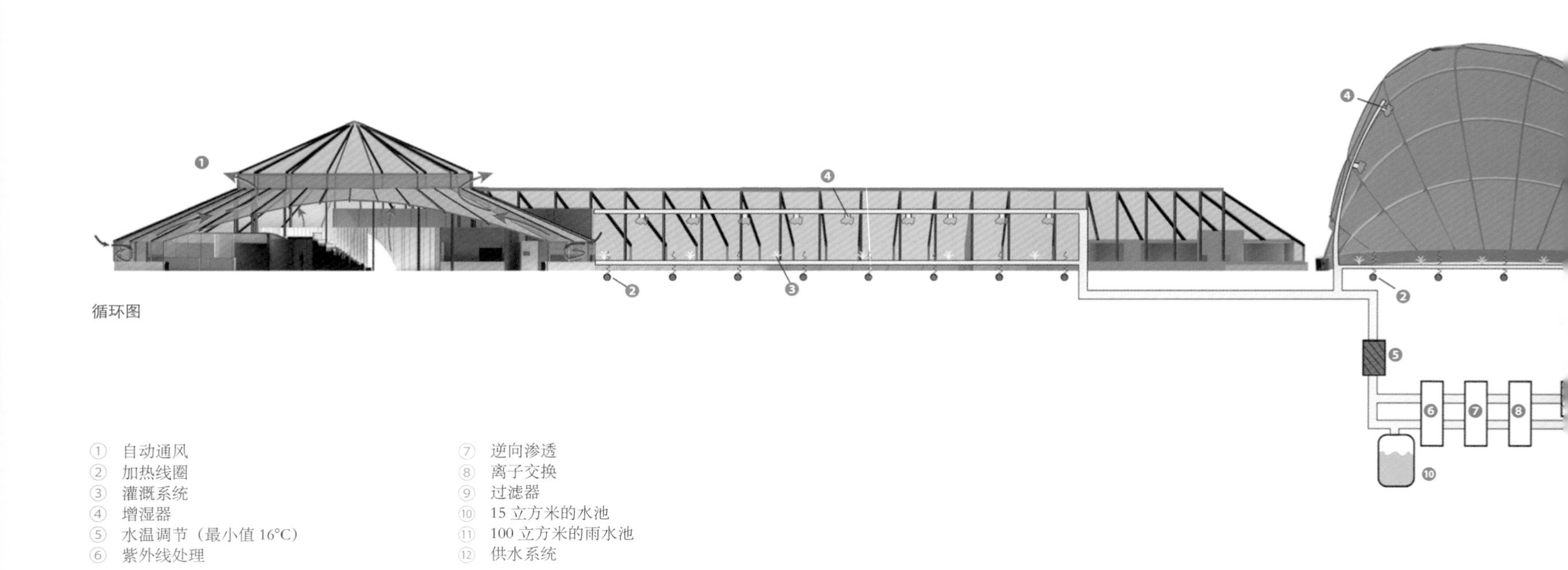

循环图

① 自动通风
② 加热线圈
③ 灌溉系统
④ 增湿器
⑤ 水温调节（最小值 16°C）
⑥ 紫外线处理
⑦ 逆向渗透
⑧ 离子交换
⑨ 过滤器
⑩ 15 立方米的水池
⑪ 100 立方米的雨水池
⑫ 供水系统

1|2

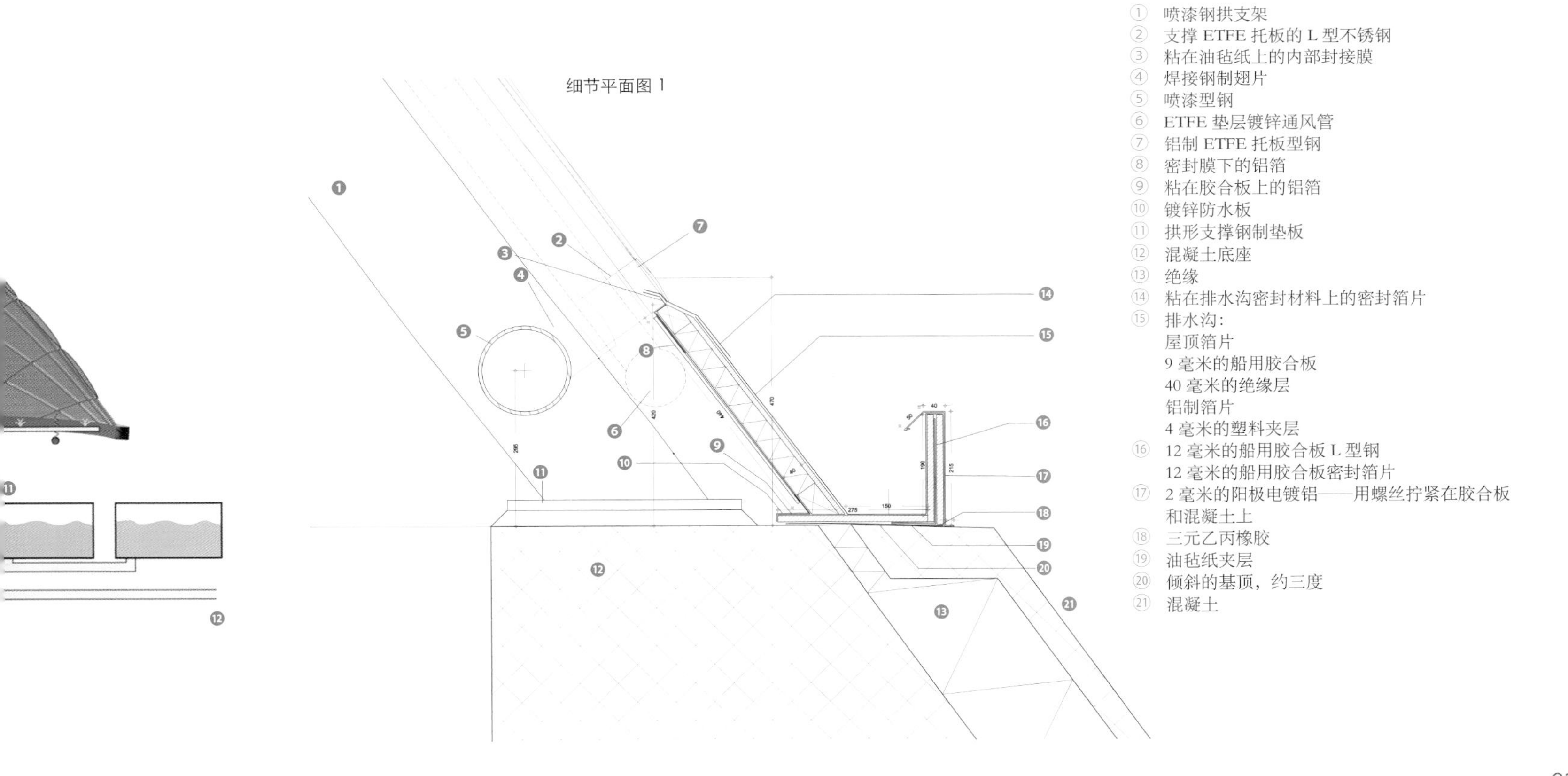

细节平面图 1
① 喷漆钢拱支架
② 支撑 ETFE 托板的 L 型不锈钢
③ 粘在油毡纸上的内部封接膜
④ 焊接钢制翅片
⑤ 喷漆型钢
⑥ ETFE 垫层镀锌通风管
⑦ 铝制 ETFE 托板型钢
⑧ 密封膜下的铝箔
⑨ 粘在胶合板上的铝箔
⑩ 镀锌防水板
⑪ 拱形支撑钢制垫板
⑫ 混凝土底座
⑬ 绝缘
⑭ 粘在排水沟密封材料上的密封箔片
⑮ 排水沟：
屋顶箔片
9 毫米的船用胶合板
40 毫米的绝缘层
铝制箔片
4 毫米的塑料夹层
⑯ 12 毫米的船用胶合板 L 型钢
12 毫米的船用胶合板密封箔片
⑰ 2 毫米的阳极电镀铝——用螺丝拧紧在胶合板和混凝土上
⑱ 三元乙丙橡胶
⑲ 油毡纸夹层
⑳ 倾斜的基顶，约三度
㉑ 混凝土

1–3. 原先的棕榈树屋已经成为一个面向公众开放的植物信息中心，里面设有咖啡厅和座椅台阶，可供学校教学等需要使用

细节平面图 2

① 内部遮光
② 自动通风
③ 加热线圈
④ 对流散热器

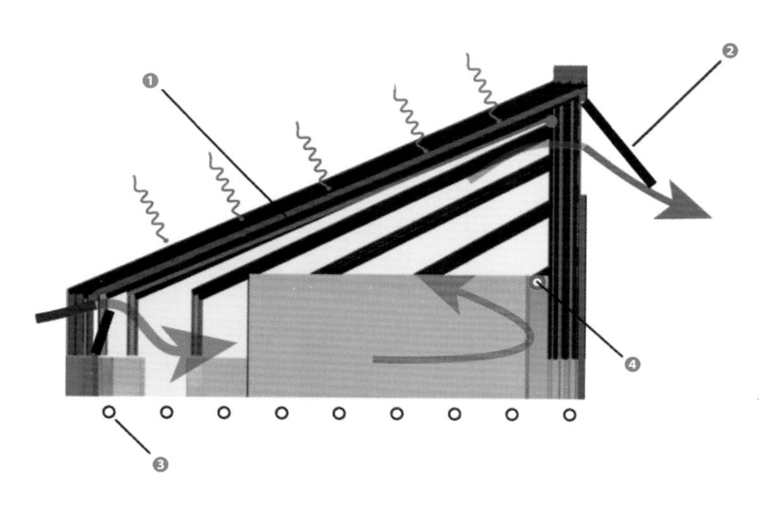

一层平面图

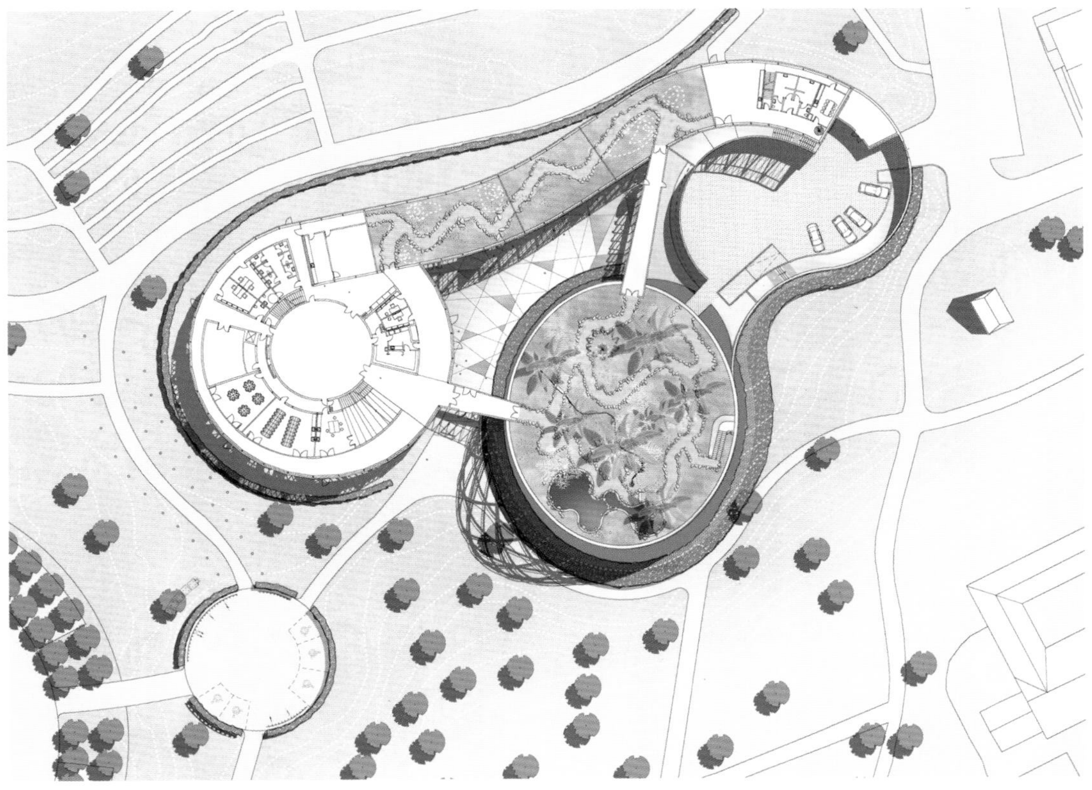

1. 人们可以通过穹顶内的高架木制平台在树顶之间展开探索活动
2. 暖房中茂盛的植物
3. 温室借助室内台阶形成 3 米高的天然高差，生长有维多利亚睡莲和红树林的室内池塘景观旁边修设有蜿蜒小道
4. 穹顶的形状保证了大体量空间的能源供给，冬季可以获得最佳的阳光入射角，夏季则反之

1
2 | 3 | 4

索引

Rainer Schmidt Landschaftsarchitekten GmbH
P208
Website: www.rainerschmidt.com
Telephone: +49 892025350
Email: info@rainerschmidt.com

Rehwaldt LA
P26
Website: www.rehwaldt.de
Telephone: +49 351 811 96921
Email: ulrike.zaenker@rehwaldt.de

Sasaki
PP74, 202
Website: www.sasaki.com
Telephone: +16179235325
Email: syang@sasaki.com

SLA
P120
Website: www.sla.dk
Telephone: +45 6080 9394
Email: khp@sla.dk

Snehal Shah with Engineering Design and Research Centre
P62
Website: www.snehalshaharchitect.com
Telephone: +91 7927683001
Email : info@snehalshaharchitect.com

Solution Blue, Inc.
P166
Website: solutionblue.com
Telephone: +1 6512895533
Email: jhink@solutionblue.com

Thorbjörn Andersson with Sweco architects
P188
Website: www.thorbjorn-andersson.com
Telephone: +46 852295236
Email: thorbjorn.andersson@sweco.se

Tony Tradewell
P126
Website: www.bellsouth.net
Telephone: +1 3186235567
Email: ttradewell@bellsouth.net

Van Atta Associates, Inc.
P150
Website: www.va-la.com
Telephone: +1 805 7307444
Email: ellen@va-la.com

Z+T Studio
P80
Web: www.ztsla.com
Telephone: +862162808929802
Email: zhoux@ztsla.com

参考文献

Grau, Dieter, 2015, *Urban Environmental Landscape,* Images Publishing Group, Australia.

Li, Chunlai & Xiaoku Yang, 2011, *Solar and Wind Power Grid Connected Technology,* China Water & Power Press, China.

Li, Jun, 2014, *Water-saving: Automatic and Control Technology,* China Agriculture Press, China.

Li, Jun, 2011, *Soil Improvement,* Zhejiang University Press, China.

Peng, Miaoyan, 2011, *Smart and Art Lighting Engineering,* China Electric Power Press, China.

Tilston, Caroline, 2008, *Low-Maintenance Gardens,* John Wiley, Australia.

Wei, Xiangdong & Yanqi Song, 2005, *Urban Landscape,* China Forestry Press, China.

Wright, Michael, 2015, *Rainwater Park: Stormwater Management and Utilization in Landscape Design,* Images Publishing Group, Australia.

Yang, Hua, 2013, *Hard Landscape Detail Manual,* China Architecture & Building Press, China.

Yang, Sheng & Feng Deng, 2013, *Solar and Wind Power Technology,* Publishing House of Electronics Industry, China.

Zhao, Yansong, Jun Zhang & Hailan Wang, 2010, *Accurate Water-saving Irrigation Technology,* Publishing House of Electronics Industry, China.

Zheng, Lijuan et al. 2015, *Water Utilization and Management Technology,* China Water & Power Press, China.

图书在版编目(CIP)数据

低能耗城市景观/(澳)马丁·科伊尔编;潘潇潇,贺艳飞译.—桂林:广西师范大学出版社,2017.3
ISBN 978-7-5495-9180-0

Ⅰ.①低… Ⅱ.①马… ②潘… ③贺… Ⅲ.①城市景观-节能-景观设计 Ⅳ.①TU984.1

中国版本图书馆CIP数据核字(2016)第280994号

出 品 人:刘广汉
责任编辑:肖 莉 于丽红
版式设计:马韵蕾 吴 茜 张 晴

广西师范大学出版社出版发行
(广西桂林市中华路22号 邮政编码:541001
网址:http://www.bbtpress.com)
出版人:张艺兵
全国新华书店经销
销售热线:021-31260822-882/883
恒美印务(广州)有限公司印刷
(广州市南沙区环市大道南路334号 邮政编码:511458)
开本:635mm×1 016mm 1/8
印张:31 字数:70千字
2017年3月第1版 2017年3月第1次印刷
定价:258.00元